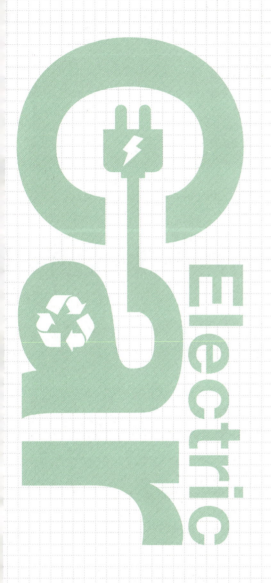

驱动电机及控制技术

主　编　陈社会　赵　奇

副主编　郭美华

参　编　李志军

主　审　张启森

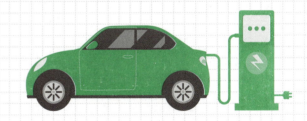

高等教育出版社·北京

内容简介

　　本书是高等职业教育新能源汽车类新形态一体化教材，全书共分为七个项目，主要内容包括新能源汽车驱动电机系统总体分析，电机学基础与功率变换器分析，直流电机系统的构造与检修，交流感应电机系统的构造与检修，永磁同步电机系统的构造与检修，其他电机的构造与检修以及新能源汽车驱动电机系统的检修与更换。

　　本书提供了丰富的教学、学习资源，包括电子课件、微课视频等，微课视频可以通过扫描书上的二维码在线学习，全部资源可通过智慧职教平台（www.icve.com.cn）上的"驱动电机及控制技术"在线课程进行学习，详见"智慧职教服务指南"。

　　本书可作为高等职业院校新能源汽车相关专业的教学用书，也可作为相关维修技术人员学习、培训用书。授课教师如需本书配套的电子课件等资源或是有其他需求，可发送邮件至邮箱 gzjx@pub.hep.cn 索取。

图书在版编目（C I P）数据

　　驱动电机及控制技术 / 陈社会，赵奇主编 . -- 北京：
高等教育出版社，2021.8（2022.11 重印）
　　高等职业教育新能源汽车类
　　ISBN 978-7-04-053461-0

　　Ⅰ.①驱…　Ⅱ.①陈…　②赵…　Ⅲ.①电机 – 控制系
统 – 高等职业教育 – 教材　Ⅳ.①TM301.2

　　中国版本图书馆 CIP 数据核字（2020）第 017881 号

QUDONG DIANJI JI KONGZHI JISHU

策划编辑　姚　远	责任编辑　姚　远　张值胜	封面设计　赵　阳	版式设计　童　丹
插图绘制　邓　超	责任校对　张　薇	责任印制　韩　刚	

出版发行　高等教育出版社	网　　址	http://www.hep.edu.cn
社　　址　北京市西城区德外大街 4 号		http://www.hep.com.cn
邮政编码　100120	网上订购	http://www.hepmall.com.cn
印　　刷　北京印刷集团有限责任公司		http://www.hepmall.com
开　　本　787mm×1092mm　1/16		http://www.hepmall.cn
印　　张　16.5		
字　　数　360 千字	版　　次	2021 年 8 月第 1 版
购书热线　010-58581118	印　　次	2022 年 11 月第 2 次印刷
咨询电话　400-810-0598	定　　价	45.80 元

本书如有缺页、倒页、脱页等质量问题，请到所购图书销售部门联系调换
版权所有　侵权必究
物 料 号　53461-00

"智慧职教"服务指南

　　"智慧职教"是由高等教育出版社建设和运营的职业教育数字教学资源共建共享平台和在线课程教学服务平台，包括职业教育数字化学习中心平台（www.icve.com.cn）、职教云平台（zjy2.icve.com.cn）和云课堂智慧职教 App。用户在以下任一平台注册账号，均可登录并使用各个平台。

　　● 职业教育数字化学习中心平台（www.icve.com.cn）：为学习者提供本教材配套课程及资源的浏览服务。

　　登录中心平台，在首页搜索框中搜索"驱动电机与控制技术"，找到对应作者主持的课程，加入课程参加学习，即可浏览课程资源。

　　● 职教云（zjy2.icve.com.cn）：帮助任课教师对本教材配套课程进行引用、修改，再发布为个性化课程（SPOC）。

　　1. 登录职教云，在首页单击"申请教材配套课程服务"按钮，在弹出的申请页面填写相关真实信息，申请开通教材配套课程的调用权限。

　　2. 开通权限后，单击"新增课程"按钮，根据提示设置要构建的个性化课程的基本信息。

　　3. 进入个性化课程编辑页面，在"课程设计"中"导入"教材配套课程，并根据教学需要进行修改，再发布为个性化课程。

　　● 云课堂智慧职教 App：帮助任课教师和学生基于新构建的个性化课程开展线上线下混合式、智能化教与学。

　　1. 在安卓或苹果应用市场，搜索"云课堂智慧职教"App，下载安装。

　　2. 登录 App，任课教师指导学生加入个性化课程，并利用 App 提供的各类功能，开展课前、课中、课后的教学互动，构建智慧课堂。

　　"智慧职教"使用帮助及常见问题解答请访问 help.icve.com.cn。

配套资源索引

续表

序号	名　　称		页码
26	微课	电机控制器的结构	144
27	微课	驱动电机控制器的检查与维护	149
28	微课	电机控制器的拆装	152
29	微课	轮毂电机的结构	161
30	微课	轮毂电机的工作原理	165
31	微课	轮毂电机的拆卸	170
32	微课	轮毂电机的安装	172
33	微课	开关磁阻电机的结构	178
34	微课	开关磁阻电机的工作原理	179
35	微课	开关磁阻电机的拆卸	184
36	微课	开关磁阻电机的安装	186
37	微课	冷却系统的组成	193
38	微课	电动冷却液泵的结构	193
39	微课	电动冷却液泵的更换	199
40	微课	驱动电机的检查与维护	215
41	微课	动力总成的拆卸	232
42	微课	动力总成的安装	235

前　言

　　发展新能源汽车是我国由汽车大国迈向汽车强国的必由之路。新能源汽车驱动电机与控制技术是新能源汽车的关键技术之一。为了更好地满足社会对新能源汽车相关人才的需求，本书全面落实"以服务为宗旨，以就业为导向"的职业教育办学指导思想，以"应用"为主旨和特征构建课程和教学内容体系。本书是高等职业教育新能源汽车类新形态一体化教材，具有以下特色。

　　1. 理念先进。以就业为导向，以学生为主体，着眼于学生职业生涯发展，注重职业素养的培养；注重做中学、做中教，教学做合一，理实一体。

　　2. 内容紧贴岗位。对接职业标准，按照岗位需求、课程目标选择教学内容。

　　3. 结构合理。按照职业领域对应工作过程的逻辑确定项目和任务，体现了项目引领、任务驱动的思路。

　　4. 资源丰富。以课程开发为理念，运用"互联网＋"形式，通过嵌入二维码来链接高清微视频、微课；开发多媒体PPT，与纸质教材无缝对接，易学易懂。

　　5. 校企合作，共同编写。本教材是校企合作共同完成，双方充分发挥各自的特长，将最先进的技术和理念融入教材。本书编者与南京中邦智慧教育科技有限公司、无锡市正原大昌修车有限公司紧密合作，制作了数字化教学资源，方便教学和学习。

　　本书由无锡汽车工程高等职业技术学校陈社会、赵奇任主编，中山职业技术学院郭美华任副主编，无锡市正原大昌修车有限公司李志军参与编写，无锡汽车工程高等职业技术学校张启森任主审。

　　由于作者水平有限，难免会有错漏之处，恳请读者不吝指正。在编写本书的过程中，作者参考了相关教材和技术资料，已列于参考文献中，在此向相关人员表示感谢。

编　者

2021 年 5 月

目　录

项目一 ▶▶▶

新能源汽车驱动电机系统总体分析

▶ **项目概述**

    1831 年法拉第根据电磁感应原理发明了世界上第一台真正意义上的电机——法拉第圆盘发电机。1832年斯特金发明了换向器，并制作了世界上第一台能连续运转的旋转电动机。随后电机经历了许多年的发展，现如今，新能源汽车驱动电机及其控制技术已经呈多样化发展的趋势。

    应用在电动汽车上的驱动电机使用条件和性能要求与工业用电机不同。驱动电机系统主要由电机、电机控制器等部分组成，驱动电机的结构形式有多种。

任务一　新能源汽车驱动电机系统的发展现状及趋势分析

学习目标

1. 知识目标

熟悉驱动电机的发展现状及未来趋势。

熟悉驱动电机控制系统的发展现状及未来趋势。

2. 技能目标

能在新能源汽车上查找驱动电机的性能参数。

任务引入

新能源汽车的驱动电机及控制技术近年发展十分迅速，发展趋势多样化。当前主流的新能源汽车的驱动电机及控制技术是什么呢？未来趋势是怎样的呢？如何在新能源汽车上查找驱动电机的性能参数呢？

知识准备

一、驱动电机的发展现状及未来趋势

1. 驱动电机的发展现状

现阶段，驱动电机及其控制系统呈现多样化发展的趋势，不同类型的驱动电机及其控制系统在不同的新能源汽车上都有应用，整体而言，直流驱动逐渐在被淘汰，交流驱动是新能源汽车的主流驱动形式。各种交流驱动电机的综合指标差距不大，各有侧重。目前，以交流感应电机、永磁同步电机和无刷直流电机应用居多，技术相对成熟，开关磁阻电机也在不断地探索和开发中。永磁电机（包括永磁同步电机和无刷直流电机两种）因其高功率密度、高效率、结构多样化等优点，其发展前景更为广阔。各种不同的驱动电机要想在未来的新能源汽车驱动系统中占有一席之地，除了对电机的结构进行优化设计外，还应运用创新思维，突破传统观念的束缚，对电机本体进行改进，使之更适合新能源汽车驱动系统的要求。

随着电力电子技术、控制理论的发展，交流电机的调速性能大大提升，特别是20世纪80年代以来，交流电机及其控制系统已逐步取代直流电机及其系统。20世纪80年代，美国的福特汽车公司就和通用电气公司合作，研究交流驱动系统用在电动汽车上的可行性，德国、日本也同时进行了电动汽车交流驱动系统的研究，他

们一致认为交流驱动系统同直流驱动系统相比，在性能上具有绝对的优势，交流驱动系统具有更广泛的应用前景。目前，电动汽车的交流驱动系统主要有交流感应电机驱动系统和永磁同步电机驱动系统，也有部分电动汽车采用开关磁阻电机驱动系统。

2. 驱动电机的未来趋势

交流感应电机由于结构坚固，当设计成可高速运行时，电机的体积也可以控制得较小，并且可以通过优化控制策略获得较高的效率，所以新能源汽车越来越多地采用交流感应电机驱动系统。我国是稀土大国，研究和开发稀土永磁材料及其驱动器件，不仅能促进我国高新技术的发展，获得巨大的经济效益和社会效益，而且能对深入开发稀土材料的性能，推动我国稀土事业的发展产生深远的影响。目前永磁电机有较大范围的应用，控制技术也很成熟，现在和将来的很长一段时间内，永磁电机将有更广泛的应用和发展。

轮毂电机的应用越来越广泛。轮毂电机驱动系统的布置非常灵活，可以使用两个前轮驱动、两个后轮驱动或四轮驱动。轮毂电机改变了内燃机传统的驱动方式，每个驱动轮都是由独立的电机驱动，这与传统内燃机汽车机械传动的驱动方式有本质的不同，更加有利于实现机电一体化以及应用先进的控制技术。

轮毂电机因其布置方便、动力控制灵活、易于实现制动和能量回收、能够节省车身控制、车身设计自由度高、简化传动系统等优点，将是驱动系统发展的一个重要方向，其他形式的驱动系统有可能被其取代。

未来驱动电机的发展趋势是采用新技术、新结构、新材料、新工艺，克服换向、绝缘、噪声和振动等方面的问题；利用新的设计和制造技术，提高电机的设计和制造水平，从而提高电机的换向性能；缩小尺寸，减小质量，提高极限容量，适应新能源汽车的动态性能、可靠运行以及特殊工况下的特殊要求或更高要求。总体而言，驱动电机将重点发展（包括目前已经研发并用于产品的）交流电机、永磁轮毂电机和开关磁阻电机，尤其是永磁轮毂电机，因其优越的性能将是驱动电机发展的一个重要方向。

二、电机控制系统的发展现状及未来趋势

1. 电机控制系统的发展现状

基于转子磁场定向的矢量控制技术是近 20 年来实际应用最为普遍的高性能交流调速系统，在交流驱动系统中的应用也是最成熟的，其动态性能好，调速范围宽，主要缺点是控制性能受电机参数变化的影响。由于定子磁通定向只涉及定子电阻，所以对电机参数的依赖大大减弱，尤其是不受转子参数变化的影响。直接转矩控制通过转矩偏差和定子磁通偏差来确定电压矢量，不需要像矢量控制那样进行复杂的坐标变换，控制系统及计算过程大大简化，为实现转矩的快速响应，直接转矩控制系统不采用传统的 PI 调节器，而用两点式（Bang-Bang）控制，但由此会产生转矩脉动，限制系统的调速范围，这是其缺点之一；直接转矩控制的另一缺点是低速性能差，这是由于系统未能摆脱电机参数（主要是定子电

阻）所带来的影响。电机高速运行时，电压很大，定子电阻的影响可以忽略不计，但低速运行时，定子电压小，定子电阻的影响就不可忽略，且定子电阻随温度的变化而发生变化。各种定子电阻观测器是比较有效解决该问题的方法。另外，利用定子电压的三次谐波分量计算气隙磁通的直接转矩控制，完全摆脱了定子电阻的影响，从根本上解决了电机参数影响的问题，具有较好的低速性能。因此，消除或减小转矩脉动，提高调速范围，加快动态响应，将是电机控制系统的发展方向，也是直接转矩控制与矢量控制相竞争的关键点。目前国内外的研究方向是将现有的直接转矩控制方式与矢量控制相结合，取长补短，构成性能更加优越的控制系统。

采用常规的矢量控制方式的交流感应电机，在低负荷区效率低，功率因数低，不能较好地匹配电动汽车的驱动装置。提高驱动效率、实现节能、延长一次充电行程，对电动汽车而言是至关重要的。相应地，最大效率控制是一种具有发展前景的控制方式。新能源汽车驱动用感应电机的最大效率控制技术的本质是在整个运行过程中，在每一个工作点上都使系统效率最大，这是与传统控制方式不同的。传统控制方式中被控变量不是效率的函数，致使效率只能在某一工作点或一个极小区域内效率最高。但是，因为弱磁调速时转矩响应慢、控制装置复杂、成本较高、实用性较低等缺点，最大效率控制技术还有待于发展和改进。

对于电机的控制，目前采用经典控制方法。经典控制理论对于非线性、时变耦合系统有较好的控制效果。而驱动电机的复杂运行工况以及高精度、高智能的要求使得控制系统更加倾向使用智能控制算法。比如，一般的线性控制方式并不适用于开关磁阻电机（SRM）控制系统，香港大学把模糊逻辑控制（FLC）和滑膜控制（SMC）相结合，提出了滑膜模糊控制（FSMC），这样综合了 FLC 和 SMC 的优点，实现了对 SRM 的控制。

2. 电机控制系统的未来趋势

随着微电子技术的发展，DSP 电机控制芯片日益成熟，通过软件实现驱动电机控制系统的全数字化，不仅可以提高系统性能、简化结构、降低成本，而且控制灵活，易于升级。目前基于 CAN 总线的全数字控制系统已经成为新能源汽车电控系统硬件组成的主要模式。

电机控制技术包括执行机械技术、逆变与电机驱动技术、运行信息及信号检测、电机系统的集成。驱动控制系统是多门学科、理论和技术的有机融合和交叉，其他相关技术的发展和进步都将对驱动电机及其控制系统产生深远影响，从而引起设计理论、设计方法的优化和控制方式的革新，仅将电机理论、电力电子技术、计算机技术和控制理论机械地组合在一起的研究方法，已经无法满足高性能驱动系统的要求，因此应根据具体的车辆运行要求和现有技术水平，对驱动电机及其控制系统进行专业化设计。

变结构控制、模糊控制、神经网络、自适应控制、专家系统、遗传算法等非线性智能控制技术，都将独自或相互结合应用于电机控制系统中，这些技术或者不需要精确建模，或者善于处理非线性问题，智能控制技术的应用将使系统结构简单、响应迅速、鲁棒性好，大大提高电机控制系统的综合性能。

新能源汽车驱动系统的主要参数包括转矩、转速、效率、外形尺寸、质量、可靠性以及成本等。另外，传动系统的适配性、安装要求以及额定电压等也影响到驱动系统的设计或选择，如驱动电机与机械传动装置优化组合，电机与发动机一体集成为混合动力发动机总成、电机与逆变器一体集成为混合动力变速器总成、驱动电机与动力电池逆变器的优化组合等，都成为驱动系统的发展趋势。

驱动电机控制系统无位置传感器，将使电机结构更加紧凑，性能更加稳定，并且节约成本。未来的驱动电机及控制器将向无传感器方向发展。

整体而言，驱动电机控制系统将趋向小型化、轻量化、易于产业化、高容量、高效节能、响应迅速、调速性能好、可靠性高、成本低、免维护。驱动系统性能的改进与提升，对新能源汽车的推广有深远的影响和积极的促进作用。

 任务实施

一、新能源汽车驱动电机性能参数的查找

1. 准备工作

吉利 EV450 新能源汽车一辆，或其他型号新能源汽车。

2. 查找驱动电机铭牌位置并记录

一般来说，驱动电机的性能参数记录在驱动电机的铭牌或者车辆标牌（铭牌）上，驱动电机的铭牌可以在驱动电机上查找；车辆铭牌可以按照相应维修手册查找，吉利 EV450 新能源汽车的车辆铭牌位于右侧中柱中下部，将副驾驶室车门打开之后，找到中柱中下部，就能看到车辆铭牌。

记录相关信息，见表 1-1-1。

表 1-1-1　驱动电机性能参数记录表

车辆品牌	
整车型号	
车辆制造年月	
车辆 VIN 码	
驱动电机型号	
驱动电机类型	
驱动电机峰值功率	
驱动电机厂家	

续表

驱动电机质量	
驱动电机额定电压	
冷却方式	
最大输出电流	
电机出厂或生产日期	

二、查找当前主流车型驱动电机信息

通过网络，查找当前主流车型驱动电机信息，并记录在表 1-1-2 上。

表 1-1-2　主流车型驱动电机性能参数记录表

主流车型 1——品牌和型号		主流车型 2——品牌和型号	
驱动电机厂家		驱动电机厂家	
驱动电机型号		驱动电机型号	
驱动电机类型		驱动电机类型	
驱动电机峰值功率		驱动电机峰值功率	
驱动电机质量		驱动电机质量	
驱动电机额定电压		驱动电机额定电压	
冷却方式		冷却方式	

思考与练习

简答题

1. 目前哪些类型的电机技术相对成熟？

2. 整体而言，驱动电机控制系统的发展趋势是什么？

评价与反馈

新能源汽车驱动电机系统的发展现状及趋势分析评价反馈见表 1-1-3。

表 1-1-3　新能源汽车驱动电机系统的发展现状及趋势分析评价反馈表

基本信息	姓名		学号		班级		组别	
	规定时间		完成时间		考核日期		总评成绩	
	序号	步骤	评分细则				分值	得分
任务工单	1	查找驱动电机铭牌并记录	车辆品牌				40	
			整车型号					
			车辆制造年月					
			车辆 VIN 码					
			驱动电机型号					
			驱动电机类型					
			驱动电机峰值功率					
			驱动电机厂家					
			驱动电机质量					
			驱动电机额定电压					
			冷却方式					
			最大输出电流					
			电机出厂或生产日期					
	2	查找当前主流车型驱动电机信息	主流车型1——品牌和型号		主流车型2——品牌和型号		40	
			驱动电机厂家		驱动电机厂家			
			驱动电机型号		驱动电机型号			
			驱动电机类型		驱动电机类型			
			驱动电机峰值功率		驱动电机峰值功率			
			驱动电机质量		驱动电机质量			
			驱动电机额定电压		驱动电机额定电压			
			冷却方式		冷却方式			
	3	6S	—				40	
	合计						100	
说明：每项分都是扣完为止								

任务二 新能源汽车驱动电机的基本分析

 学习目标

1. 知识目标
能说出驱动电机系统的组成。
熟悉驱动电机的结构形式。
理解电机相关基本术语的含义。

2. 技能目标
能使用诊断仪对驱动电机系统进行故障码和数据流的读取。

 任务引入

新能源汽车上使用的驱动电机和工业上使用的电机有很多不同的地方，新能源汽车对驱动电机有一定的性能要求，那么，新能源汽车驱动电机系统由什么组成的呢？新能源汽车的驱动电机有哪些形式呢？如何使用诊断仪读取驱动电机的故障码和数据流呢？

 知识准备

微课
新能源汽车驱动电机系统的组成

一、驱动电机系统的组成

驱动电机系统的基本组成框图如图 1-2-1 所示。驱动电机系统是电动汽车的心脏，它由电机、功率转换器、控制器、各种检测传感器和电源（动力蓄电池）组成，其任务是在驾驶人的控制下，高效率地将动力蓄电池的电量转化为车轮的动能，或者将车轮的动能反馈到蓄电池中。

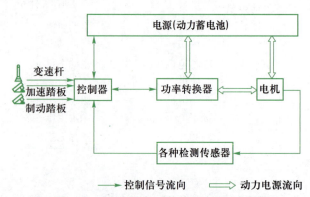

图 1-2-1　驱动电机系统的基本组成框图

　　早期的电动汽车主要采用直流电机系统，但直流电机有机械换向装置，必须经常维护。随着电力电子技术的发展，交流调速逐渐取代直流调速。

　　功率转换器按所选电机类型，有 DC/DC 功率转换器、DC/AC 功率转换器等形式，其作用是按所选电机驱动电流的要求，将蓄电池的直流电转换为相应电压等级的直流、交流或脉冲电源。

　　检测传感器主要对电压、电流、速度、转矩以及温度等进行检测，其作用是为了提高改善电机的调速特性，对于永磁无刷电机或开关磁阻电机还要求有电机转角位置检测。

　　控制器是驾驶人操纵变速杆、加速踏板和制动踏板等，输入相应的前进、倒退、起步、加速、制动等信号，以及各种检测传感器反馈的信号，通过运算、逻辑判断、分析比较等适时向功率转换器发出相应的指令，使整个驱动系统有效运行。

微课
电动汽车的
驱动形式

二、驱动电机的结构形式

　　采用不同的驱动电机系统可构成不同结构形式的电动汽车。根据驱动电机系统的不同，可以分为以下 6 种结构形式，如图 1-2-2 所示。

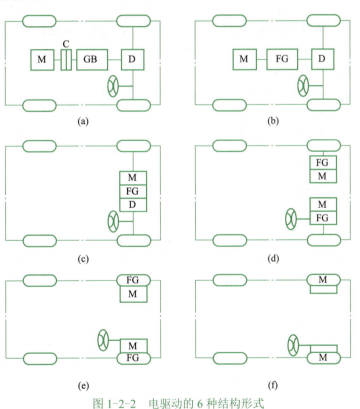

图 1-2-2　电驱动的 6 种结构形式

C—离合器　D—差速器　FG—固定速比变速器　GB—变速器　M—驱动电机

　　（1）图 1-2-2a 所示的结构形式由发动机前置前轮驱动的燃油车发展而来，它由电机、离合器、齿轮箱和差速器组成。离合器用来切断或接通电机到车轮之间传递动力的机械装置，变速器是一套具有不同速比的齿轮机构，驾驶人可选择不同的变速比，把力矩传给车轮。在低速挡时，车轮获得大力矩低转速；在高速挡时，车轮获得小力矩高转速。汽车在转弯时，内侧车轮的转弯半径小，外侧车轮的转弯半径大，差速器使内外车轮以不同转速行驶。

（2）如果用固定速比的减速器，去掉离合器，可减轻机械传动装置的质量、缩小其体积。图 1-2-2b 所示为由电机、固定速比的减速器和差速器组成的驱动电机系统。应该注意，这种结构由于没有离合器和可选的变速挡位，不能提供理想的转矩/转速特性，因而不适合于使用发动机的燃油汽车使用。

（3）图 1-2-2c 所示的这种结构与发动机横向前置、前轮驱动的燃油汽车的布置方式类似，它把电机、固定速比减速器和差速器集成为一个整体，两根半轴连接驱动车轮，这种结构在小型电动汽车上应用最为普遍。

（4）图 1-2-2d 所示的双电机独立驱动结构是采用两个电机通过固定速比的减速器分别驱动两个车轮，每个电机的转速可以独立地调节控制，因此不必选用机械差速器，而且比燃油汽车易于实现整车复杂的动力学控制。

（5）电机也可以装在车轮里面，称为轮毂电机，如此可进一步缩短从电机到驱动车轮的传递路径，如图 1-2-2e 所示。为了将电机转速降低到理想的车轮转速，可采用固定减速比的行星轮变速器，它能提供大的减速比，而且输入和输出轴可布置在同一条轴线上。

（6）图 1-2-2f 表示了另一种使用轮毂电机的电动汽车结构，这种结构采用低速外转子电机，彻底去掉了机械减（变）速器，电机的外转子直接安装在车轮的轮缘上，车轮转速和电动汽车的车速控制完全取决于电机转速的控制。

三、驱动电机的类型

与工业应用的电机不同，用于电动汽车的电机通常要求频繁地起动和停车、高变化率的加速度/减速度、高转矩且低速爬坡、低转矩高速行驶以及非常宽的运行速度范围。应用于电动汽车的驱动电机可分为有换向器电机、无换向器电机和特种电机，如图 1-2-3 所示。有换向器电机主要指传统的直流电机，包括串励、并励、复励、他励和永磁（PM）直流电机。直流电机需要换向器和电刷以供电给电枢，因而使该类电机可靠性降低，不适合免维护运行和高速运行。此外，线绕式励磁的直流电机功率密度低。

随着技术的发展，无换向器电机到了一个应用的新阶段。与有刷直流电机相比，无换向器电机具有高效率、高功率密度、低运行成本、高可靠性以及免维护等优点。

无换向器的异步电机在电动汽车上得到了广泛应用。这是因为异步电机的低成本、高可靠性和免维护运行。但是，异步电机的传统控制，如变压变频（VVVF），不能提供所期望的性能。随着技术的发展，异步电机的磁场定向控制（FOC）原理，即矢量控制原理已被用来克服由于异步电机非线性带来的控制难度。然而，这些采用矢量控制的电动汽车用异步电机在轻载和限定恒功率工作区域内运行时，仍有低效率问题。

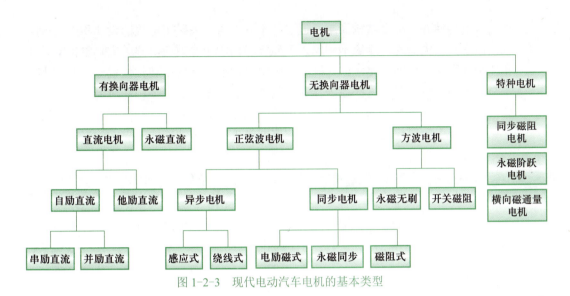

图 1-2-3　现代电动汽车电机的基本类型

　　采用永磁体替代传统同步电机的励磁绕组，永磁同步电机可排除传统的电刷、集电环以及励磁绕组的铜耗。实际上，这些永磁同步电机因其正弦交变电流的供电和无刷结构，也被称作永磁无刷交流电机或正弦波永磁无刷电机。由于这类电机本质上是同步电机，它们可在正弦交流电源或脉宽调制电源（PWM 电源）下运行，而不需电子换向。当永磁体安置在转子表面时，因永磁材料的磁导率与空气磁导率相似，故这种电机特性如同隐极同步电机。通过把永磁体嵌入转子的磁路中，此凸极导致一个附加磁阻转矩，从而使电机在恒功率运行时具有较宽的转速范围。另一方面，当着意利用转子的凸极性时，通过舍去励磁绕组或永磁体，就可制成同步磁阻电机。这种电机通常结构简单、成本低廉，但输出功率相对较低。与异步电机类似，对高性能要求的应用场合，这种永磁同步电机通常也使用矢量控制。因为其固有的高功率密度和高效率，在电动汽车应用领域中，永磁同步电机已被认为具有与异步电机相竞争的巨大潜力。

　　实际上，通过转换永磁直流电机（有刷电机）定子和转子的位置，就可得到永磁无刷直流电机（Brushless Direct Current Motor，BLDC）。应该注意，"直流"这一术语可能会引起误解，因为它并不涉及直流电机。事实上，这种电机由矩形波交变电流供电，因此也称为矩形波永磁无刷电机。这类电机最明显的优点是排除了电刷，其另一优点是因电流与磁通间的正交相互作用，能产生大转矩。此外，这种无刷结构使电枢绕组可有更大的横截面。由于其整个结构的热传导有了改善，电负荷的增加导致更高的功率密度。与永磁同步电机不同，这种永磁无刷直流电机通常配有转轴位置检测器。美国得克萨斯农工大学的电力电子与电机驱动研究所已开发出了无位置检测器控制技术。

　　开关磁阻电机（Switched Reluctance Motor，SRM）已被公认在电动汽车应用中具有很大的潜力。基本上，开关磁阻电机是由单组定子可变磁阻步进电机直接衍生而来。开关磁阻电机用于电动汽车的明显优点是其结构简单、制造成本低廉、转矩一转速特性好。尽管结构简单，但这并不意味着开关磁阻电机的设计和控制也简单。由于其极尖处的高度磁饱和，以及磁极和槽的边缘效应，开关磁阻电机的设计和控制既困难又精细。传统上，开关磁阻电机运行，借助于转轴位置检测器检测转子与定子的相对位置。这些检测器通常容易因机械振动而受损，并对温度和尘埃敏感。因此，位置检测器的存在降低了开关磁阻电机的可靠性，并限制了一些应用。

表 1-2-1 为现代电动汽车所采用的典型电机的基本性能比较。

表 1-2-1　各种电机的基本性能比较

项目	直流电机	感应式电机	永磁式电机	开关磁阻式电机
比功率	低	中	高	较高
过载能力（%）	200	300～500	300	300～500
峰值效率（%）	85～89	94～95	95～97	90
负荷效率（%）	80～87	90～92	85～97	78～86
功率因数（%）	—	82～85	90～93	60～65
恒功率区	—	1∶5	1∶2.25	1∶3
转速范围（r/min）	4 000～6 000	12 000～20 000	4 000～10 000	>15 000
可靠性	一般	好	优	良好
结构的坚固性	差	好	一般	优良
电动机外廓	大	中	小	小
电动机质量	大	中	小	小
控制操作性能	最好	好	好	好
控制器成本	低	高	高	一般

注：只作各种电机之间的定性比较。

四、电动汽车对驱动电机性能的基本要求

汽车行驶时需要频繁地起动、加速、减速、停车等，在低速行驶和爬坡时需要大转矩，在高速行驶时需要降低转矩和功率。为了满足汽车行驶动力性的需要，获得较好的经济性和环境指标等，对电机提出了十分严格的要求。

（1）电压高。采用高电压可以减少电机和导线等装备的尺寸、降低逆变器的成本，提高能量转换效率。

（2）高转速。电机的功率 P 与其转矩 M 和转速 n 成正比，即 $P \propto M \cdot n$，因此，在 M 一定的情况下，提高 n，则可以提高 P；而在 P 一定的情况下，提高 n，则可降低电机的 M。采用高速电机是电动汽车发展的趋势之一，现代电动汽车的高转速电机的转速可以达到 8 000 ～ 12 000 r/min，由于体积和质量都小，有利于降低整车的整备质量。

（3）转矩密度、功率密度大，重量轻，体积小。转矩密度、功率密度大指最大转矩体积比和最大功率体积比。转矩密度、功率密度越大，HEV 电机驱动系统占用的空间越小。采用铝合金外壳等降低电机的质量。各种控制装置和冷却系统的

材料等也应尽可能选用轻质材料。

（4）具有较大的起动转矩和较大范围的调速性能，以满足起动、加速、行驶、减速、制动等所需的功率与转矩，应具有自动调速功能，减轻操纵强度，提高舒适性，达到内燃机汽车同样的控制响应。

（5）需要有 4 ～ 5 倍的过载，满足短时加速行驶与最大爬坡度的要求。

（6）具有高的可控性、稳态精度、动态性能，满足多部电机协调运行。

（7）机械效率高、损耗少。

（8）可兼做发电机使用。在车辆减速时，可进行制动能量回收，即再生制动，将一部分能量转化为电能储存在储能装置内。

（9）电气系统安全性和控制系统的安全性应达到有关的标准和规定。必须装备高压保护装置，保证安全。

（10）能够在恶劣条件下可靠工作。电机应具有高的可靠性、耐低温、高温性、耐潮湿，且运行时噪声低，能够在恶劣的环境下长时间工作。

（11）结构简单，适合大批量生产，使用维修方便，价格便宜等。

（12）散热性好。

五、基本术语

1. 电机

电机是将电能转换成机械能或机械能转换成电能的装置，是一种依靠电磁感应而运行的电气装置。

2. 驱动电机

驱动电机是为车辆行驶提供驱动力的电机。

3. 电机效率

电机效率是指驱动电机输出功率与输入功率的百分比。

4. 电机控制器

电机控制器是控制动力电池与电机之间的能量传输的装置，由控制信号接口电路、电机控制电路和驱动电路组成。

5. 额定功率

额定功率是指在额定条件下输出的功率。

6. 持续功率

持续功率是指规定的最大、长期工作的功率。

7. 额定转速

额定转速是指额定功率下电机的最低转速。

8. 额定转矩

额定转矩是指电机在额定功率和额定转速下的输出转矩。

9. 堵转转矩

堵转转矩是指在所有角位堵住时所产生的转矩最小测得值。

10. 持续转矩

持续转矩是指规定的最大、长期工作的转矩。

11. 矢量控制

矢量控制是指将交流电机的定子电流作为矢量，经坐标变换分解成与直流电机的励磁电流和电枢电流相对应的独立控制电流分量，以实现电机转速/转矩控制的方式。

12. 弱磁控制

弱磁控制是指通过减弱气隙磁场控制电机转速的控制方式。

13. 输出特性

输出特性是指电机的转矩、输出功率与转速的关系。

 任务实施

驱动电机系统故障码和数据流的读取

1. 准备工作

（1）吉利 EV450 新能源汽车或其他型号新能源汽车、诊断仪、车内三件套、车外三件套、车轮挡块、抹布。

（2）设置驱动电机系统故障（例如拔下熔断器等）。

2. 主要操作步骤

（1）检查车辆位置。

（2）确认车辆处于"OFF"挡，连接好诊断仪。

（3）起动车辆。

（4）确认故障现象。

（5）读取驱动电机系统故障码。

（6）读取驱动电机系统数据流。

（7）清除故障码并再次读取。

（8）整理设备，清洁场地。

3. 记录单

（1）填写车辆信息，见表 1-2-2。

表 1-2-2　车辆信息记录表

作业项目	作业内容
整车型号	
工作电压	
电池容量	
车辆识别代码	
电机型号	
里程表读数	

（2）读取驱动电机系统故障码和数据流，并记录在表 1-2-3 中。

表 1-2-3　驱动电机系统故障码和数据流记录表

作业项目	作业内容				备注
故障现象确认					确认故障症状并记录症状现象
模块通信状态及故障码检查					—
正确读取数据	项目	数值	单位	判断	—
清除故障码并再次读取	确认故障码是否再次出现，并填写结果 □ 无 DTC □ 有 DTC：				—

思考与练习

一、填空题

1. 电机驱动系统是电动汽车的心脏，它由电机、＿＿＿＿＿＿、控制器、各种_____和电源（动力蓄电池）组成。

2. 应用于电动汽车的驱动电机可分为有换向器电机、_____电机和特种电机。

3. 电机的功率与其_____和转速成正比。

4. 轮毂电机可以装在_____里面，也可直接安装在_____。

二、选择题（不定项）

1. 下列选项属于对电动汽车驱动电机要求的是（   ）。

    A. 功率密度大   B. 高转速

    C. 转矩密度高   D. 机械效率高、损耗少

2. 比功率最高的是（   ）。

    A. 直流电机   B. 感应式电机

    C. 永磁式电机   D. 开关磁阻式电机

3. 过载能力最低的是（   ）。

    A. 直流电机   B. 感应式电机

    C. 永磁式电机   D. 开关磁阻式电机

三、名称解释

1. 电机

2. 矢量控制

3. 弱磁控制

4. 电机控制器

四、简答题

为什么电动汽车驱动电机要求电压高？

评价与反馈

驱动电机系统故障码和数据流的读取评价反馈见表 1-2-4。

表 1-2-4　驱动电机系统故障码和数据流的读取评价反馈表

基本信息	姓名		学号		班级		组别	
	规定时间		完成时间		考核日期		总评成绩	
任务工单	序号	步骤	评分细则				分值	得分
	1	作业前准备	缺一项扣 1 分，本项扣完为止				10	
	2	检查车辆位置	没有检查，扣 5 分				5	
	3	确认车辆处于"OFF"挡，连接好诊断仪	不是在"OFF"挡连接诊断仪，扣 10 分				10	
	4	起动车辆	没有放置车轮挡块扣 5 分；起动方法错误扣 5 分				10	
	5	确认故障现象	没有进行故障现象确认扣 5 分；没有记录故障现象扣 5 分				10	
	6	读取驱动电机系统故障码	没有记录故障码扣 15 分；没有记录模块通讯状态扣 10 分				25	
	7	读取驱动电机系统数据流	没有记录数据流扣 10 分；没有指出异常数据流扣 15 分；数据流漏记扣 5 分				20	
	8	清除故障码并再次读取	没有清除故障码扣 3 分；没有再次读取，扣 2 分				5	
	9	6S	—				5	
合计							100	
说明：每项分值都是扣完为止								

项目二 ▶▶▶

电机学基础与功率变换器分析

▶ **项目概述**

　　安培环路定律、电磁感应定律和电磁力定律是进行电机原理分析的基本定律。

　　功率变换技术是新能源汽车调速和空调动力控制系统的关键技术，其基本的作用就是合理、有效控制电源系统电压、电流的输出和驱动电机电压、电流的输入，完成对驱动电机转矩、转速和旋转方向的控制。此外，新能源汽车的充电及低压设备的供电也是通过相应的功率变换技术完成的。

任务一 电机学基础分析

  学习目标

1. 知识目标

理解电磁基本概念。

理解安培定则。

理解全电流定律。

理解电磁感应定律。

理解电磁力定律。

理解楞次定律。

掌握 RL 电路的励磁过程。

2. 技能目标

能通过实验理解电机学电磁现象。

  任务引入

　　驱动电机是新能源汽车的关键部件，要理解驱动电机的工作原理，需要理解电机学的概念和定律，主要有：安培定则、解全电流定律、电磁感应定律、电磁力定律、楞次定律等。那么这些定律的具体内容是什么呢？

  知识准备

微课

磁场

一、基本概念

　　磁场是由运动电荷或变化的电场产生的，磁场的基本作用是能对其中的运动电荷施加作用力。与磁场相关的定义和物理量介绍如下。

1. 磁铁

　　物体有吸引铁、钴、镍一类物质的性质称为磁性，具有磁性的物体称为磁体。磁体可分为天然磁体和人造磁体，常见的天然磁体有磁铁矿（通常称天然磁石），常见的人造磁体有条形磁铁、蹄形磁铁和小磁针等。

2. 磁极

　　磁体上磁性最强的两端称为磁极。任何磁体，无论多小，都有两个磁极，即磁极总是成对出现并且强度相等，不存在独立的磁极。可以在水平面内自由转动的磁体，静止时总是一个磁极指向南方，另一个磁极指向北方，指向南方的称为南极，记作 S

（极），常用蓝颜色表示；指向北方的称为北极，记作 N（极），常用红颜色表示。

磁极之间存在着相互作用力，而且同名磁极相斥，异名磁极相吸。

3. 磁场

磁极之间的相互作用力是通过磁极周围的磁场传递的。磁场是磁体周围存在的一种特殊的物质。磁场和电场一样，是物质存在的另一种形式，是客观存在的物质，具有力和能的特征。

小磁针的"指南""指北"性表明地球本身就是一个大磁体。小指针的北极指向地磁南极，小指针的南极指向地磁北极。地磁北极在地理南极附近，地磁南极在地理北极附近。地球的地磁极和地理极之间的偏角称为磁偏角，各个地方的磁偏角大小是不同的。我国磁偏角最大可达 6°，平均为 2°～ 3°。

与电场中用检验电荷区检验电场存在的方法相似，可借磁极之间存在相互作用力的特性，用小磁针来检验某一个磁体周围磁场的存在。

人们规定磁场的方向：在磁场中的任意一点，小磁针北极所指的方向就是这一点的磁场方向。

4. 磁力线

磁场是一种特殊的物质，不能被肉眼所看到。人们通过铁屑在磁场的作用下形成的图案，即一组闭合的曲线来描述这种磁场。这种形象地描绘磁场的曲线，称为磁力线。

磁力线有如下特点：

（1）磁力线上每一点的切线方向与该点磁场方向相同。

（2）磁力线在磁体的外部从 N 极指向 S 极，在磁体的内部从 S 极指向 N 极。

（3）磁力线是闭合的曲线，且任意两条磁力线不相交。

（4）磁力线的疏密表示磁场强弱的程度。

图 2-1-1 所示分别为条形磁铁和蹄形磁铁的磁力线。地球本身就是一个巨大的磁体，地球的磁场与条形磁铁的磁场相似。

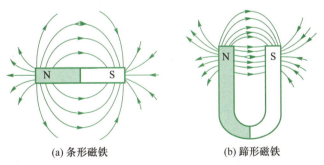

(a) 条形磁铁　　　　　(b) 蹄形磁铁

图 2-1-1　不同磁铁的磁力线方向

均匀磁场：在某一区域内，若磁场的强弱和方向都相同，这部分磁场称为均匀磁场。

5. 磁感应强度

磁感应强度又叫磁通密度，它是表示磁场内某点磁场强弱的物理量，是表征磁场特性的基本场量。其大小是通过垂直于磁场方向单位面积的磁力线数目，符号为 B。

磁感应强度 B 的电位在国际单位制中是特斯拉，简称特，符号 T；在电磁单位制（CGS）中为高斯（gauss），符号为 Gs（系非法定计量单位）。两者的关系为 $1T=10^4Gs$。

6. 磁通

在磁场中，穿过任意一面积的磁力线总量称为该截面的磁通量，简称磁通，符号为 Φ。均匀磁场中，磁通等于磁感应强度 B 与垂直于磁场方向的面积 S 的乘积

$$\Phi=BS$$

磁通是一个标量，它的单位在国际单位制中为韦伯（weber），简称韦，符号为 Wb；在电磁单位制中磁通的单位为麦克斯韦，简称麦，符号为 Mx（系非法定计量单位）。1 Mx=1 Wb。

均匀磁场中，磁感应强度可以表示为单位面积上的磁通，即

$$B=\frac{\Phi}{S}$$

所以磁感应强度也称为磁通密度。

7. 磁导率

磁导率是表示物质导磁性能的参数，用符号 μ 表示，单位是亨每米（H/m）。

真空中的磁导率一般用 μ_0 表示，$\mu_0= 4\pi×10^{-7}$ H/m。空气、铜、铝和绝缘材料等非铁磁材料的磁导率和真空磁导率大致相同，而铁、镍、钴等铁磁材料及其合金的磁导率比真空磁导率大很多，为其 $10 \sim 10^5$ 倍。

把物质磁导率与真空磁导率的比值定义为相对磁导率，用符号 μ_r 表示，则铁磁材料的磁导率可以表示为

$$\mu=\mu_r\mu_0$$

相对磁导率是一个无量纲的参数。非铁磁材料的相对磁导率 μ 接近于 1，而铁磁材料的远远大于 1。电机和变压器中所使用的铁磁材料的相对磁导率一般为 2 000 $\sim$ 80 000。

8. 磁场强度

在各向同性的媒质中，磁场中某点的磁感应强度与该点磁导率的比值定义为该点的磁场强度，用符号 H 表示，即

$$H=\frac{B}{\mu}$$

式中，H——磁场强度，A/m；

B——磁感应强度，T；

μ——磁导率，H/m。

磁场强度只与产生磁场的电流及电流的分布有关，与磁介质的磁导率无关，单位为安每米（A/m）。磁场强度概念的引入只是为了简化计算，没有物理意义。

二、安培定则

安培定则也称为右手螺旋定则。

微课

安培定则

1. 通电直导体产生的磁场

一根直导体通入电流后，导体周围将产生磁场，其磁感线是以导体为圆心的同心圆，方向与电流的方向有关，可用右手定则判断：右手握住直导体，用大拇指指向电流方向，则其余四指弯曲的方向就是磁场的方向，如图 2-1-2 所示。

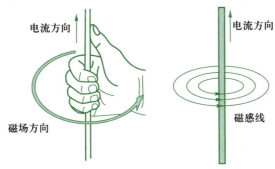

图 2-1-2　右手定则（一）

2. 通电线圈产生的磁场

把导体绕成螺旋状并且通入电流，也能产生磁场，通电线圈相当于一块条形永久磁铁的磁场；通电导体的磁场强弱不仅与电流的大小有关，而且与线圈匝数有关。通电线圈磁场方向也可以用右手定则确定：右手握住线圈，用弯曲的四指指向电流方向，则拇指所指的方向就是产生磁场 N 极的方向，如图 2-1-3 所示。

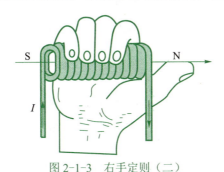

图 2-1-3　右手定则（二）

3. 电流磁场强度

电流磁场的强度与通入电流的大小及线圈的匝数有关。线圈匝数一定时，通入的电流越大，电流磁场的强度越强；通入电流大小一定时，外形相同的线圈，匝数越多，电流磁场的强度越强。

4. 磁路基本概念

磁路可理解为磁通所经过的路径，与电路是电流所通过的路径的概念相类似。图 2-1-3 为绕有 N 匝线圈的单框铁心磁路的示意图。当线圈中通过电流 i 时，将在周围空间产生磁场。由于铁心的磁导率比周围空气的磁导率大得多，因此绝大多数磁通从铁心流通，称之为主磁通 Φ；还有少部分磁通经空气闭合，称为漏磁通 Φ。主磁通、漏磁通所通过的路径分别称为主磁路和漏磁路。若磁通是由直流电流产生的，磁路中的磁通不随时间而变化，这种磁路称为直流磁路；若磁通是由交流电产

微课
安培环路定律

生的，磁路中的磁通将随时间而变化，则将这种磁路称为交流磁路。

三、全电流定律

全电流电路也称为安培环路定律。

在磁场中，磁场强度矢量沿任一闭合路径的线积分等于该闭合路径所包围的电路的代数和，即

$$\int_l H\mathrm{d}l = \sum i$$

式中，$\sum i$ 为全电流（传导电流和位移电流）的代数和。

当电流的方向与闭合路径上磁场强度的方向满足右手螺旋定则时，电流取正值，否则取负值。

四、电磁感应定律

微课
电磁感应定律

闭合电路的一部分导体在磁场中做切割磁力线的运动时，导体中就会产生电流，这种现象叫电磁感应现象。其本质是由闭合电路中磁通量的变化，产生电流。闭合电路中由电磁感应现象产生的电流叫感应电流。

假设有一匝数为 N 的线圈位于磁场中，当与线圈交链的磁链 $\Psi = N\Phi$ 发生变化时，线圈中将产生感应电动势。感应电动势的数值与线圈所交链的磁场的变化率成正比。如果感应电动势的正方向与磁通的正方向符合右手螺旋关系，则感应电动势为

$$e = -\frac{\mathrm{d}\Psi}{\mathrm{d}t} = -N\frac{\mathrm{d}\Phi}{\mathrm{d}t}$$

式中，负号表示线圈中感应电动势倾向于阻止线圈内磁链的变化。

1. 变压器电动势

线圈与磁场相对静止，但穿过线圈磁通的大小或方向发生变化，由此产生的感应电动势称为变压器电动势。图 2-1-4 为单相变压器的原理图，可通过此图来说明变压器电动势的情况。

图 2-1-4 中的线圈 N_1 通入时变电流 i_1，而线圈 N_2 开路。这时由 i_1 所建立的磁通也随时间而变化，因此与线圈 N_1 和 N_2 所交链的磁链也随时间而变化，从而分别在线圈 N_1 和 N_2 中感应出电动势 e_1 和 e_2，其方向如图 2-1-4 所示。感应电动势 e_1 由线圈 N_1 中电流 i_1 的变化在自身线圈中产生，故称为自感电动势；而由于 i_1 的变化在另一线圈 N_2 中产生的电动势 e_2，则称为互感电动势。

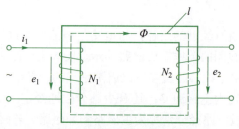

图 2-1-4　单相变压器原理图

2. 旋转电动势

旋转电动势也称为速率电动势。磁通本身不随时间变化，而线圈与磁场之间有相对运动，从而使线圈中的磁链发生变化。这种情况通常发生在旋转电机中，故称为旋转电动势。

旋转电动势可看作导体在均匀磁场中运动而切割磁力线时，该导体中产生的电动势。当磁通密度 B、导体（长度为 l）和导体相对磁场运动速度 v 这三者相互垂直时，则导体中产生的旋转电动势为

$$e=Blv$$

五、电磁力定律

载流导体在磁场中会受到力的作用，这种力是磁场与电流相互作用而产生的，在电机学中通常将这种力称为电磁力。若长度为 l 的导体处于磁通密度为 B 的均匀磁场中，当导体与磁通密度方向垂直，导体中流过的电流为 i 时，电磁力可用下式表示：

$$F=Bli$$

其方向可用左手定则确定，将左手掌摊平，让磁感线穿过手掌心，四指表示电流方向，则和四指垂直的大拇指所指方向即为电磁力的方向，如图 2-1-5 所示。在电机中，由电磁力产生的转矩称为电磁转矩。

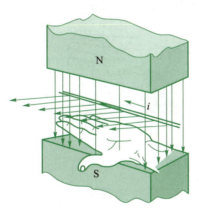

图 2-1-5　电磁力方向的判定

六、楞次定律

产生感应电流的条件与磁场的变化有关系，也就是说，与磁感应强度和闭合导体回路包围的面积有关系。只要穿过闭合导体回路的磁通量发生变化，闭合导体回路中就会有感应电流产生。

感应电流具有这样的方向，即感应电流的磁场总要阻碍引起感应电流的磁通量的变化，这就是楞次定律。为了方便记忆，将其简称为"来拒去留"（见图 2-1-6）。

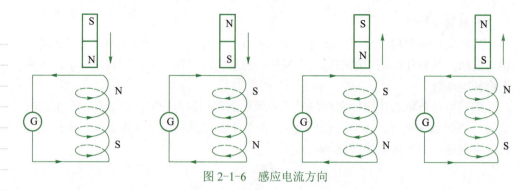

图 2-1-6　感应电流方向

伸开右手，使拇指与其余四个手指垂直，并且都与手掌在同一个平面内；让磁感线从掌心进入，并使拇指指向导线运动的方向，这时四指所指的方向就是感应电流的方向。这就是判定导线切割磁感线时感应电流的右手定则（见图 2-1-7）。

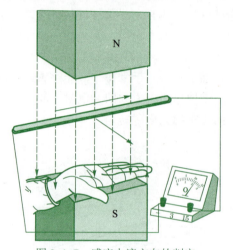

图 2-1-7　感应电流方向的判定

七、RL 电路的励磁过程

图 2-1-8 是 RL 励磁电路。当 K 接通时，电感线圈 L 中流过励磁电流而产生磁通，同时产生自感电势 e_L，阻碍电流的变化。在励磁过程中电流是逐渐增大的，所以自感电势的实际方向与电流的方向相反，起阻碍电流的作用，如图 2-1-8 中虚线箭头所示。

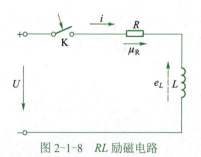

图 2-1-8　RL 励磁电路

励磁电流和自感电势都按指数规律变化，即

$$i=\frac{U}{R}\left(1-e^{-\frac{Rt}{L}}\right)=I_{w}\left(1-e^{-\frac{t}{\tau}}\right)$$

$$e_{L}=Ue^{-\frac{Rt}{L}}=Ue^{-\frac{t}{\tau}}$$

图 2-1-9 是根据上两式绘成的电感励磁曲线。

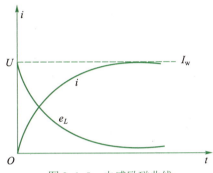

图 2-1-9　电感励磁曲线

（1）励磁电流从零逐渐增长到稳态值 $I_{w}=U/R$。这说明电感中的电流是不可能跃变的。

（2）自感电势从初始值 U 衰减到零，这说明，一个电感只有在暂态下才有阻碍直流电的作用，在稳态下则可以毫无阻碍地通过直流电。

（3）$\tau=L/R$ 是电感线圈的励磁时间常数。电感励磁的快慢决定于比值 L/R，它越大励磁越慢。

电感励磁在理论上也要经过无限长的时间才能结束，工程上则认为 $\tau=3\sim4$ 时就已结束。

（4）RL 电路的消磁过程。图 2-1-10 是 RL 消磁电路。在 K 断开时刻，由于直流电源 U 的作用，在电感 L 中已经流过电流 I_0。K 断开以后电感脱离电源，与电阻 R 接成闭合回路，电流逐渐减小，同时产生与电流方向相同的自感电势，企图阻止电流的减小。

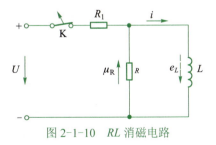

图 2-1-10　RL 消磁电路

消磁电流和自感电势也按指数规律变化。

$$I=I_0e^{-\frac{Rt}{L}}=I_0e^{-\frac{t}{\tau}}$$

$$e_L = u_R = I_0 R e^{-\frac{Rt}{L}} = E_0 e^{-\frac{t}{\tau}}$$

图 2-1-11 是根据上两式绘成的电感消磁曲线。

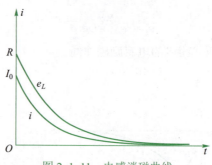

图 2-1-11　电感消磁曲线

在电感的消磁过程中，电流和自感电势都是逐渐减小到零的，消磁的快慢决定于消磁时间常数 $\tau = L/R$，消磁电阻 R 越大，消磁过程越快，但是初始时刻的自感电势 $E_0 = I_2 R$ 也越大，这容易造成过电压而损害绝缘或硅元件。

（5）RL 电路的断开。图 2-1-12 是 RL 电路断开的情况。当 K 断开时，似乎电路中的电流立即从原有值变为零。实际上由于电感电流的减小，立即产生个自感电势，在开关的断开点上出现一个高电压将空气击穿，产生电弧，使电流继续流通，保证电流不发生跃变。以后随着自感电势的减小，开关断开距离的拉大，电流衰减为零，电路才真正断开。

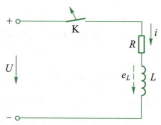

图 2-1-12　RL 电路断开

若断开前的电感电流比较大，开关断开的速度又比较快（某些新型号的自动开关和熔断器的断开速度相当快），则自感电势相当大，不但使触头因强烈的电弧而灼伤，而且造成整个电路过电压。这种过电压是因操作而造成的，故称为操作过电压。

为了保证电路的安全运行，必须设法限制操作过电压，或对过电压很敏感的硅元件采取保护措施。图 2-1-13 是操作过电压的常用保护方法。

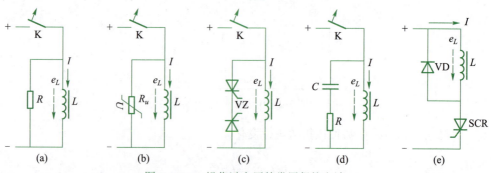

图 2-1-13　操作过电压的常用保护方法

　　图 2-1-13a 是在电感线圈两端并联一个消磁电阻 R，把自感电势的初始值限制在 IR 之内。R 的阻值应适当选择，阻值过大则自感电势过高，阻值过小，不但浪费电能而且电感消磁过慢，会造成制动电磁铁或接触器等的延时释放。

　　图 2-1-13b 是在电感线圈两端并联一个压敏电阻 R_u。压敏电阻的阻值随所加的电压而化，在正常电压下呈高阻状态，过电压时阻值急剧减小，电压恢复正常时又自动恢复高阻状态，因此可以起过电压保护作用。

　　图 2-1-13c 是在电感线圈两端并联一个串联反接的硒堆 VZ。硒堆本来是作整流用的，其反向电阻具有与压敏电阻相似的特性，故可以串联反接起来作过电压保护用。

　　图 2-1-13d 是在电感线圈两端并联一个 R 串联电路，习惯上称为阻容吸收电路。它是利用电容两端电压不可能突变的原理而起过电压保护作用的。R 是阻尼电阻，防止 L 与 C 并联而引起谐振。

　　图 2-1-13e 是在电感线圈两端并联一只放电二极管 VD。正常工作时二极管上加反向电压而截止，晶闸管关断时自感电势使二极管加正向电压而导通，将自感电势短接。这只二极管的极性不可接错。

　　R_u、VZ 和 RC 并联在被保护电路或元件的两端，保护原理是一样的。

 任务实施

一、奥斯特实验（1）的验证

1. 实验准备
小磁针、12 V 电池、10 Ω 电阻等。

2. 实验搭建
奥斯特实验（1）的搭建如图 2-1-14 所示。

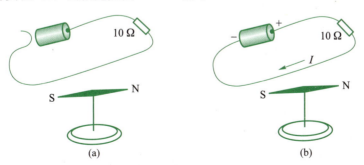

图 2-1-14　奥斯特实验 (1) 的搭建

3. 实验观察并记录
观察实验现象，并记录在表 2-1-1 中。

表 2-1-1　奥斯特实验（1）记录表

测试条件	测试条件
导线南北放置	导线南北放置
电压：12 V	电压：12 V
电流：0 A	电流：3 A
观察到的现象	观察到的现象
小磁针是否转动：□是　□否	小磁针是否转动：□是　□否

结论：通电导线周围（□存在　□不存在）磁场

二、奥斯特实验（2）的验证

1. 实验准备

小磁针、12 V 电池、10 Ω 电阻等。

2. 实验搭建

奥斯特实验（2）的搭建如图 2-1-15 所示。

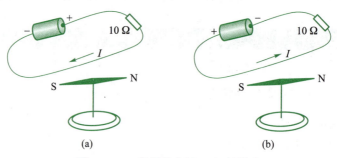

图 2-1-15　奥斯特实验（2）的搭建

3. 实验观察并记录

观察实验现象，并记录在表 2-1-2 中。

表 2-1-2　奥斯特实验（2）记录表

测试条件	测试条件
导线南北放置	导线南北放置
电压：12 V	电压：12 V
电流：3 A（电流方向与右侧相反）	电流：3 A（电流方向与左侧相反）
观察现象（与右侧实验相比）	观察现象（与左侧实验相比）
小磁针转动方向：□相同　□不相同	小磁针转动方向：□相同　□不相同

结论：通电导线周围的磁场方向与电流方向（□有关　□无关）

三、电流的磁场方向（改变电流方向）

1. 实验搭建

电流的磁场方向（改变电流方向）实验的搭建如图 2-1-16 所示。

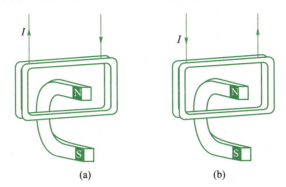

(a)　　　　　　　　　(b)

图 2-1-16　电流的磁场方向（改变电流方向）实验的搭建

2. 实验观察并记录

观察实验现象，并记录在表 2-1-3 中。

表 2-1-3　电流的磁场方向（改变电流方向）实验记录表

测试条件 电压：2 V 电流：1 A（电流方向与右侧相反）	测试条件 电压：2 V 电流：1 A（电流方向与左侧相反）
观察现象 线圈摆动的方向：□相吸　□排斥	观察现象 线圈摆动的方向：□相吸　□排斥
结论：通电线圈在磁场中受到的力的方向与电流方向（□有关　□无关）	

四、电流的磁场方向（改变磁场方向）

1. 实验搭建

电流的磁场方向（改变磁场方向）实验的搭建如图 2-1-17 所示。

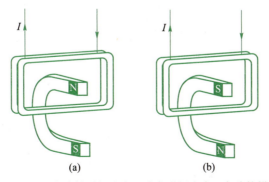

(a)　　　　　　　　　(b)

图 2-1-17　电流的磁场方向（改变磁场方向）实验的搭建

2. 实验观察并记录

观察实验现象，并记录在表 2-1-4 中。

表 2-1-4　电流的磁场方向（改变磁场方向）实验记录表

测试条件 电压：2 V 电流：1 A 磁场方向与右侧相反	测试条件 电压：2 V 电流：1 A 磁场方向与左侧相反
观察现象 线圈摆动的方向：□相吸　□排斥	观察现象 线圈摆动的方向：□相吸　□排斥

结论：通电线圈在磁场中受到的力的方向与电流方向（□有关　□无关）

五、电流的磁场强度实验

1. 实验搭建

电流的磁场强度实验的搭建如图 2-1-18 所示。

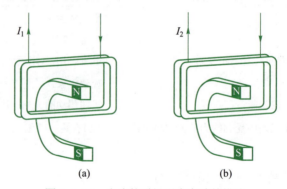

图 2-1-18　电流的磁场强度实验的搭建

2. 实验观察并记录

观察实验现象，并记录在表 2-1-5 中。

表 2-1-5　电流的磁场强度实验记录表

测试条件 电压：2 V 电流：0.5 A	测试条件 电压：2 V 电流：1.5 A
观察现象（与右侧实验对比） 线圈摆动的幅度：□大　□小	观察现象（与左侧实验对比） 线圈摆动的幅度：□大　□小

结论：通电线圈中的电流越大，其在磁场中受到的力越（□大　□小）

思考与练习

一、填空题

1. 当闭合电路中部分导体棒切割磁感线运动时，电路中会产生_____。

2. 闭合电路的一部分导体在磁场中做切割_____的运动时，导体中就会产生电流，这种现象叫_____现象。

3. 物体有吸引铁、钴、镍一类物质的性质称为_____。具有磁性的物体称为_____。磁体可分为_____磁体和人造磁体。

4. 载流导体在磁场中会受到力的作用，这种力是_____而产生的，在电机学中通常将这种力称为电磁力。

5. 电流磁场的强度与通入电流的大小及线圈的匝数有关。线圈匝数一定时，通入的电流越_____，电流磁场的强度越强；通入电流大小一定时，外形相同的线圈，匝数越_____，电流磁场的强度越强。

二、选择题（单选题）

1. 磁场是由（　　　）产生的。

　　A. 运动粒子或变化的电场　　　　　　B. 变化电荷或运动的电场

　　C. 运动电荷或变化的电场　　　　　　D. 运动电荷或变化的电场力

2. 磁场强度只与（　　　）及（　　　）有关，与磁介质的磁导率无关。

　　A. 产生磁场的电流　　电流的分布　　B. 产生电磁场的电流　　电流的分布

　　C. 产生磁场的电流　　磁通的分布　　D. 产生磁场的电流　　磁感线的分布

3. 一根直导体通入电流后，导体周围将产生磁场，其磁感线是以导体为圆心的同心圆，方向与电流的方向有关，可用右手定则判断：（　　　）。

　　A. 右手握住直导体，用大拇指指向电流方向，则其余四指弯曲的方向就是磁场的方向

　　B. 左手握住直导体，用大拇指指向电流方向，则其余四指弯曲的方向就是磁场的方向

　　C. 左手握住直导体，用大拇指指向电流方向，则其余四指弯曲的方向就是磁场的方向

　　D. 右手握住直导体，用大拇指指向磁场的方向，则其余四指弯曲的方向就是电流方向

三、判断题（对的打"√"错的打"×"）

1. 电流磁场的强度与通入电流的大小及线圈的匝数有关。线圈匝数一定时，通入的电流越大，电流磁场的强度越强；通入电流大小一定时，外形相同的线圈，匝数越多，电流磁场的强度越强。　　　　　　　　　　　　　　　　　　（　　　）

2. 当电流的方向与闭合路径上磁场强度的方向满足左手螺旋定则时，电流取正值，否则取负值。　　　　　　　　　　　　　　　　　　　　　　　　　（　　　）

3. 产生感应电流的条件与磁场的变化有关系，也就是说，与磁感应强度和闭合导体回路包围的面积有关系。只要穿过导体回路的磁通量发生变化，导体回路中就

会有感应电流产生。   （   ）

4. 伸开右手，使拇指与其余四个手指垂直，并且都与手掌在同一个平面内；让磁感线从掌心进入，并使拇指指向导线运动的方向，这时四指所指的方向就是感应电流的方向。这就是判定导线切割磁感线时感应电流的右手定则   （   ）

四、简答题

如图 2-1-19 所示，当 K 接通时，电感线圈 L 中流过励磁电流而产生磁通，同时产生自感电势 e_L，阻碍电流的变化。简述励磁过程中电流与自感电势的关系。

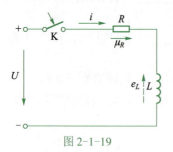

图 2-1-19

评价与反馈

电磁感应实验评价反馈见表 2-1-6。

表 2-1-6   电磁感应实验评价反馈表

基本信息	姓名		学号		班级		组别	
	规定时间		完成时间		考核日期		总评成绩	
	序号	步骤		评分细则			分值	得分
任务工单	1	奥斯特实验（1）的验证		测试条件不正确，扣 15 分；观察错误扣 15 分；结论错误扣 15 分			15	
	2	奥斯特实验（2）的验证		测试条件不正确，扣 15 分；观察错误扣 15 分；结论错误扣 15 分			15	
	3	电流的磁场方向（改变电流方向）实验		测试条件不正确，扣 20 分；观察错误扣 20 分；结论错误扣 20 分			20	
	4	电流的磁场方向（改变磁场方向）实验		测试条件不正确，扣 20 分；观察错误扣 20 分；结论错误扣 20 分			20	
	5	电流的磁场强度实验		测试条件不正确，扣 20 分；观察错误扣 20 分；结论错误扣 20 分			20	
	6	6S		—			10	
合计							100	
说明：每项分都是扣完为止								

任务二 电力电子器件与变换器分析

学习目标

1. 知识目标

熟悉电力电子器件特点。

掌握 DC/DC 变换器的功用、分类和工作原理。

掌握 DC/AC 电压变换器的功用、分类和工作原理。

掌握 AC/DC 功率变换器的功用、分类和工作原理。

2. 技能目标

会对变换器进行检测。

任务引入

新能源汽车变换器主要有 DC/DC 变换器、DC/AC 电压变换器、AC/DC 功率变换器，那么它们分别是什么呢？工作原理又是怎样的呢？

知识准备

一、电力电子器件的基本概念

电力电子技术是应用于电力领域的电子技术，也就是使用电力电子器件对电能进行变换和控制的技术，其转换的功率为 1 W ~ 1 GW。电能变换和控制过程中使用的电子元件被称为电力电子器件，其主要特点是处理电功率的能力远大于处理信息的电子器件。

由于电力电子器件处理的电功率较大，为了减小本身的损耗、提高效率，一般都工作在开关状态。电力电子器件在实际应用中往往由信息电子电路来控制，并采用信息电子电路作为电力电子器件的驱动电路。电力电子器件尽管工作在开关状态，但是自身的功率损耗通常远大于信息电子器件，为了保证不至于因损耗散发的热量导致器件温度过高而损坏，不仅在器件封装上考虑散热设计，而且在其工作时一般都需要设计安装散热器。

按照电力电子器件能够被控制电路信号所控制的度分为不控器件（电力二极管）、半控器件（晶闸管等）、全控型器件（门极可关断晶体管、绝缘栅双极晶体管、电力场效应晶体管等）三类。从新能源汽车的应用上看，电力场效应晶体管（MOSFET）、绝缘栅双极晶体管（IGBT）具有较好的应用前景。常见的电力电子器件的等效电路及特点如表 2-2-1 所示。

表 2-2-1　常见的电力电子器件的等效电路及特点

名称	电气图形符号及等效电路	主要特点
电力二极管		不能用控制信号控制其通断，不需要驱动电路，只有两个端子
晶闸管		半控型器件，通过控制信号可控制其导通而不能控制其关断
门极可关断晶闸管（GTO）		全控型器件，很高的正反向阻断电压的能力和电流导通能力，较短的导通和关断时间，较小的控制功率
电力（大功率）晶体管（GTR）		全控型器件，与普通的双极结型晶体管基本原理相同，主要特性是耐压高、电流大、开关特性好
电力场效应晶体管（MOSFET）		开关时间短（几个 ns 至几百 ns），导通电阻较大。目前的容量水平 50 A/500 V，频率 100 kHz
绝缘栅双极晶体管（IGBT）		全控型器件，通过控制信号即可控制其导通又能控制其关断，是 GTR 和 MOSFET 复合的产物，结合二者的优点，具有良好的特性。目前的容量水平（1 200～1 600）A/（1 800～3 330）V，频率 40 kHz

微课
功率 MOSFET

微课
绝缘栅双极型
晶体管

二、DC/DC 变换器

1. DC/DC 变换器的功用

在电动汽车的电子系统或设备中，系统中的直流总线不可能满足性能各异、种类繁多的元器件（包括集成组件）对直流电源的电压等级、稳定性等要求，因而必须采用各种 DC/DC 变换器来满足电子系统对直流电源的各种需求。DC/DC 变换器的直流输入电源，可来自系统中的电池，也可来自直流总线。车载的动力电池和辅助电源工作时，其电压稳定性能差，且会有较高的噪声。

2. DC/DC 变换器的分类

根据不同的分类方法，DC/DC 变换器被分为不同的种类，常见的分类方法有如下四种：

（1）根据 DC/DC 变换器的拓扑结构分为正激型、反激型、升压型、降压型、升 / 降压型、反相型、推挽式正激型、半桥式正激型、全桥式正激型。

（2）根据开关控制方式分为脉宽调制式（Pulse Width Modulation，PWM）、脉冲频率调制式（Pulse Frequency Modulation，PFM）及脉宽、频率混合调制式"硬开关电路"、电压或零电流"软开关"PWM 电路和各种谐振式、准谐振式变换器等。

（3）根据负极与车身绝缘与否，DC/DC 变换器分为非绝缘型和绝缘型两类，非绝缘型的特点是负极与车身相连；绝缘型的特点是负极与车身绝缘。

（4）根据功率变换器的特点可分为电压源变换器、电流源变换器和 Z 源变换器三类。

电压源变换器和电流源变换器是传统的 DC/DC 变换器，Z 源变换器是一种新型变换器，它引进了一个阻抗变换，将主变换器电路与电源或负载耦合，其电源既可以为电压源也可以为电流源。Z 源变换器的直流电源可以是任意的，如电池、二极管整流器、晶闸管变流器、燃料电池堆、电感、电容器或它们的组合。

3. DC/DC 变换器的工作原理

1）PWM 和 PFM 法

DC/DC 变换器也称为斩波器，通过对电力电子器件的通断控制，将直流电压断续地加到负载上，通过改变占空比改变输出电压平均值。其基本原理如图 2-2-1 所示。U_d 为直流电源的电压，R 为电路电阻；开关 K 断开时，输出电压为 0，开关 K 导通时，输出电压等于 U_d，K 导通和断开时输出端电压随时间的变化如图 2-2-1b 所示，输出电压的平均值为 U_0。

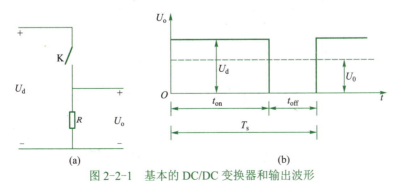

图 2-2-1　基本的 DC/DC 变换器和输出波形

若用 T_s 表示开关周期，t_{on} 表示开关管导通时间，$D(=t_{on}/T_s)$ 表示开关占空比，则输出电压的平均值 $U_0=U_d \cdot t_{on}/T_s=D \cdot U_d$

由此可见，保持 T_s 不变，改变开关管导通时间 t_{on} 即可改变 U_0，此种方法通常称之为脉宽调制 PWM 法；若保持开关管导通时间 t_{on} 不变，改变开关周期 T_s，同样也可改变 U_0，此种方法通常称之为脉冲频率调制式 PFM 法。PWM 和 PFM 方法是 DC/DC 变换器最常用的两种方法。

2）降压型变换器

降压型 DC/DC 变换器的原理如图 2-2-2 所示，降压型变换器在开关 K 导通时，就会有电流流过电感 L，使能量储存在电感上，而当开关断开时，电感上的能量会释放到负载上以维持电压输出。降压型 DC/DC 变换器输出电压的高低与开关 K 的工作周期大小、每个周期中开关导通时间 t_{on} 和断开时间 t_{off} 的长短有关（见图 2-2-3）。开关导通和断开时电感元件上的电压 U_L 和电流 I_L 的变换如图 2-2-3 所示，负载 R_L 的平均电流为 I_0，电压为 $I_0 \cdot R_L$，低于输入电压 U_d。

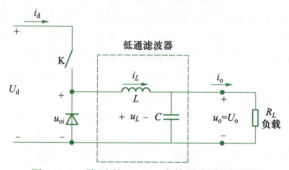

图 2-2-2　降压型 DC/DC 变换器电路原理图

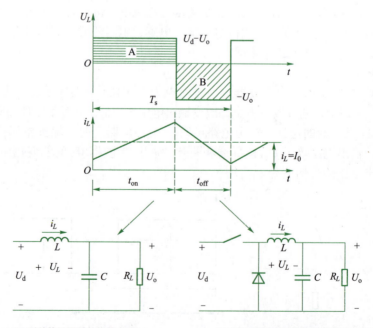

(a) 开关管导通时的等效电路　　　　(b) 开关管断开时的等效电路

图 2-2-3　降压型 DC/DC 变换器开关导通和关闭时的等效电路

实际降压型 DC/DC 变换器中通常用 MOSFET 替代图 2-2-3 中开关 K，并且用控制电路控制 MOSFET 的导通与断开，其电路组成如图 2-2-4 所示。为了达到所需的电压值，通常采用回馈电路把输出电压反馈到控制电路，并和参考电压做比较，以决定 MOSFET（图 2-2-4 中 S_1）的工作周期大小或开关导通时间 t_{on} 和断开时间 t_{off} 的长短，得到稳定的输出直流。

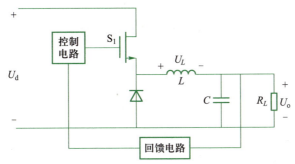

图 2-2-4　降压型 DC/DC 变换器电路简图

3）升压型变换器

升压型变换器和降压型变换器所使用的组件种类相同，升压型 DC/DC 变换器的原理如图 2-2-5 所示。

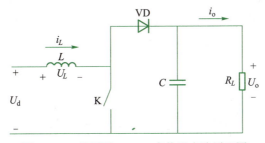

图 2-2-5　升压型 DC/DC 变换器电路原理图

升压型变换器在开关 K 导通时，就会有电流流过电感 L，使能量储存在电感上，而当开关 K 断开时，由于楞次效应，电感电压反向，而且加上输入电压 U_d 通过二极管 VD 构成回路，使输出电压 U_o 大于输入电压 U_d。升压型 DC/DC 变换器输出电压的高低与开关 K 的工作周期大小、每个周期中开关导通时间 t_{on} 和断开时间 t_{off} 的长短有关（见图 2-2-6）。开关导通和断开时的电感元件上的电压 U_L 和电流 i_L 的变换如图 2-2-6 所示，负载 R_L 上的平均电流为 I_0，电压为 $I_0 \cdot R_L$，高于输入电压 U_d。

实际的升压型变换器也是借助 MOSFET 导通周期的大小或导通时间 t_{on} 和断开时间 t_{off} 的长短来控制输出电压的高低。升压型 DC/DC 变换器中通常用 MOSFET 替代图 2-2-7 中开关 K，并且用控制电路控制 MOSFET 的导通与断开，其电路组成如图 2-2-7 所示。为了达到所需的电压值，通常采用回馈电路把输出电压反馈到控制电路，并和参考电压做比较，以决定 MOSFET（图 2-2-7 中的 S_1）的工作周期大小，得到稳定的输出直流。

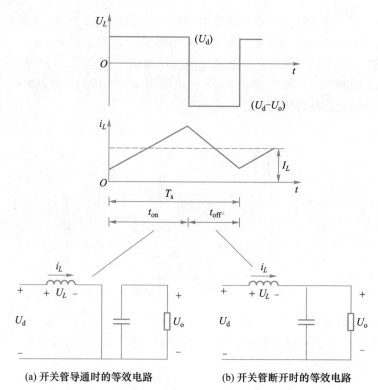

(a) 开关管导通时的等效电路　　　　(b) 开关管断开时的等效电路

图 2-2-6　升压型 DC/DC 变换器开关导通和关闭时的等效电路

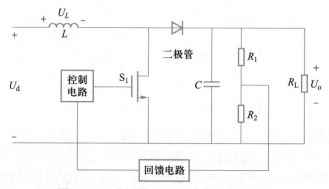

图 2-2-7　升压型 DC/DC 变换器电路简图

4）非绝缘型和绝缘型 DC/DC 变换器

非绝缘型和绝缘型 DC/DC 变换器的特点分别是系统的零线与车身相接和断开（绝缘），图 2-2-8 和图 2-2-9 分别是主电源给辅助电源供电用的非绝缘型和绝缘型 DC/DC 变换器的电路原理示意图，其区别是辅助电源的负极是否绝缘。

5）升（降）压型双向 DC/DC 变换器

图 2-2-10 是丰田汽车公司的 THS Ⅱ 混合动力系统使用的升（降）压型双向 DC/DC 变换器的原理示意图，其主要组成是用于降压的 IGBT 开关型 S_{buck}、用于升压的开关型 S_{boost}、感性滤波元件和容性滤波元件等。该变换器也被称为两象限

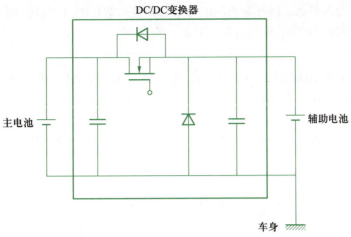

图 2-2-8　非绝缘 DC/DC 变换器工作原理示意图

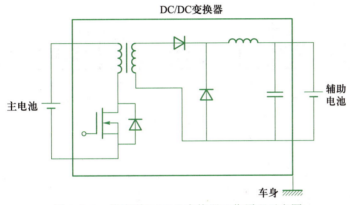

图 2-2-9　绝缘型 DC/DC 变换器工作原理示意图

双向断路器，其两端分别与动力电池和其他设备连接。升（降）压型双向 DC/DC 变换器的原理通过周期性地控制流过感应器电流的时间来实现想要得到的输出和输入电流之间的关系。

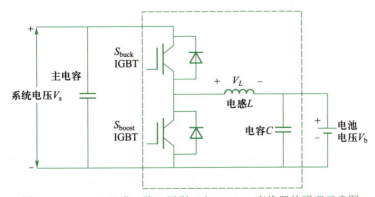

图 2-2-10　THS Ⅱ 升（降）压型双向 DC/DC 变换器的原理示意图

假定 D 为占空比，即开关关闭的时间与开关周期之比；T_0 为在一个周期 T 内开关关闭的总时间，L 为开关的打开的时间。则有

$$D=T_0/(T_0+T_1)=T_0/T$$

升压时的原理如图 2-2-11 所示，S_{buck} 始终打开，相当于一个二极管。当 S_{boost} 导通时，电流回路如图 2-2-11a 所示，电池的电流流向电感元件，电感元件的电压 V_L 与电源电压相等但相位相反；当 S_{buck} 断开时，电流回路如图 2-2-11b 所示，电感元件的电流流向系统回路，电感元件的电压 V_L 为系统电压 V_s 与电源电压之差。

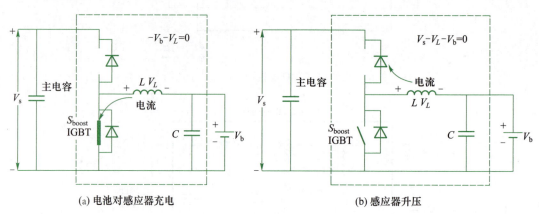

(a) 电池对感应器充电   (b) 感应器升压

图 2-2-11   升压时的原理示意图

可得升压比为

$$\beta_{boost}=\frac{V_s}{V_b}=\frac{1}{1-D}$$

可见，升压比的大小取决于占空比 D 的大小，D 越大 β_{boost} 越大。

降压时的原理如图 2-2-12 所示，由于 S_{boost} 始终打开，S_{boost}IGBT 可以被忽略，看作一个功率二极管即可。当 S_{buck} 导通时，电流回路如图 2-2-12a 所示，系统的电流流向电感元件回路，电感元件的电压 V_L 为系统电压 V_s 与电源电压之差；当 S_{buck} 被断开时，电流回路如图 2-2-12b 所示，电感元件的电压 V_L 与电源电压相等，但相位相反。

可得降压比为

$$\beta_{buck}=\frac{V_b}{V_s}=D$$

可见，降压比的大小取决于占空比 D 的大小，D 越大 β_{buck} 越大。

6）Z 源变换器

Z 源变换器的主要优点是输出电压可以根据需要升高或降低，变换效率高，并且其电源既可以为电压源也可以为电流源，Z 源变换器是一种很有前途的 DC/DC。

微课
Z 源变换器

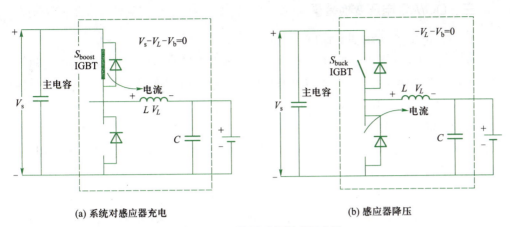

(a) 系统对感应器充电　　　　　　　　(b) 感应器降压

图 2-2-12　降压时的原理示意图

7）DC/DC 变换器的实际电路组成举例

DC/DC 变换器由功率回路和控制回路组成，实际 DC/DC 变换器电路构成的示意图如图 2-2-13 所示。功率变换电路以控制电路的驱动信号为基础，打开、关闭晶闸管的输入直流电，并将其变换为交流电压供给变压器。在变压器中变压之后的交流电压经整流二极管整流，整流后的断续直流电压经平滑电路平滑后对辅助电池充电，控制回路除完成以上功能外，还具有输出限流、输入过电压保护、过热保护和警报功能。

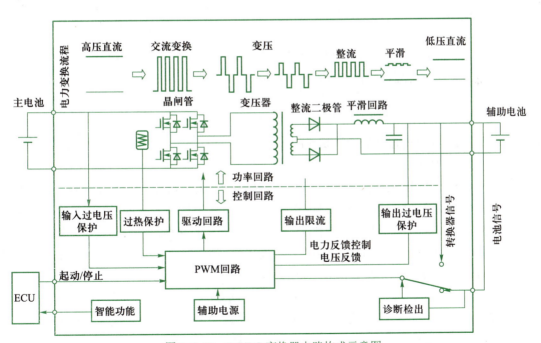

图 2-2-13　DC/DC 变换器电路构成示意图

三、DC/AC 电压变换装置

1. DC/AC 电压变换器的功用

DC/AC 电压变换器又叫逆变器，它是一种将直流电转变为交流电的电力电子元件，电动汽车的 DC/AC 电压变换器功用是将直流电变换为交流电，提供给交流驱动电机和单相交流用电器设备使用。

2. DC/AC 电压变换器的分类

常见的 DC/AC 电压变换器的电路可按输出波形、直流侧电源的性质、用途、换流方式和输出相数等分类。

1）按输出波形分类

一类是正弦波逆变器，另一类是方波逆变器。正弦波逆变器输出的是同日常使用的电网一样甚至更好的正弦波交流电，因为它不存在电网中的电磁污染。方波逆变器输出的则是质量较差的方波交流电，其正向最大值到负向最大值几乎在同时产生，对负载和逆变器本身造成剧烈的不稳定影响，并且其负载能力差，仅为额定负载的 40% ~ 60%，不能带感性负载。

2）按直流侧电源性质分类

按直流侧电源性质分为电压型和电流型。电流型的特点是直流电源接有很大的电感，从逆变器向直流电源看过去，电源内阻很大，直流电流脉动很小。电压型的特点是直流电源接有很大的滤波电容，从逆变器向直流电源看过去，电源为内阻很小的电压源，直流电压脉动很小。

3）按换流方式分类

按换流方式为外部换流和自换流两大类。外部换流包括电网换流和负载换流两种，自换流包括器件换流和强迫换流两种。

4）按逆变分类

逆变可分为有源逆变与无源逆变两种。

3. DC/AC 电压变换器的基本原理

1）半桥逆变电路

半桥逆变电路有两个桥臂，每个桥臂由一个可控器件和一个反并联二极管组成，如图 2-2-14 所示。在直流侧接有两个相互串联的足够大的电容，两个电容的连接点是直流电源的中点。负载连接在直流电源中点和两个桥臂连接点之间。开关器件 V_1 和 V_2 栅极信号在一周期内各半周正偏、半周反偏，两者互补。当负载为感性时，工作波形如图 2-2-14 b 所示。

V_1 或 V_2 导通时，负载电流 i_0 和电压 u_0 同方向，直流侧向负载提供能量。VD_1 或 VD_2 导通时，i_0 和 u_0 反向，负载电感中储藏的能量向直流侧反馈，输出电压 u_0 为矩形波，幅值为 $U_m = U_d/2$，输出电流 i_0 波形随负载情况而异。

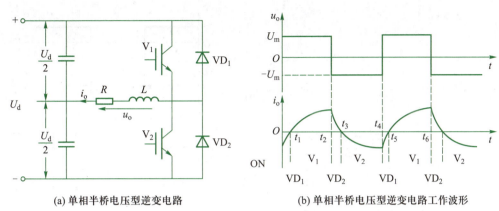

(a) 单相半桥电压型逆变电路　　(b) 单相半桥电压型逆变电路工作波形

图 2-2-14　单相半桥电压型 DC/AC 电压变换器原理示意图

t_2 时刻之前 V_1 通，V_1 断，t_2 时刻 V_1 关断信号，V_2 导通信号，则 V_1 关断，V_2 导通。由于感性负载 L 中 i_0 不能立即改变方向，所以 VD_1、VD_2 导通续流。VD_1、VD_2、V_1、V_2 的导通顺序如图 2-2-14b 所示，依次为 $VD_1 \rightarrow V_1 \rightarrow VD_2 \rightarrow V_2 \rightarrow VD_1$，工作过程如此反复，交替导通，即可得到交流电流。

半桥逆变电路的优点是简单，使用器件少；其不足是交流电压幅值为 $U_d/2$，直流侧需两电容器串联，要控制两者电压均衡，仅适用于几千瓦以下的小功率逆变电源。

2）全桥逆变电路

全桥逆变电路（图 2-2-15）是单相逆变电路中应用最多的，电压型全桥逆变电路可看成由两个半桥电路组合而成，共 4 个桥臂，桥臂 1 和 4 为一对，桥臂 2 和 3 为另一对，成对桥臂同时导通，两对交替各导通 180°；VD_1、V_1、VD_2、V_2 相继导通的区间，分别对应 VD_1 和 VD_4、V_1 和 V_4、VD_3 和 VD_2、V_3 和 V_2 相继导通的区间。电压型全桥逆变电路输出电压 u_0 的波形是矩形波，幅值 U_m 与直流电源的电压 U_d 相等，即 $U_m=U_d$；输出电流 i_0 波形如图 2-2-15b 所示，与半桥逆变电路的波形相同，但幅值增加一倍。

3）三相电压型逆变电路

（1）电路结构。

三相电压型 DC/AC 电压变换器电路结构如图 2-2-16 所示，在直流电源 U_d 电路上并联电容器 C_d，直流侧电压基本无脉动；逆变器采用 6 个功率开关器件 $VT_1 \sim VT_6$ 和 6 个分别与其反并联的续流二极管 $VD_1 \sim VD_6$ 共同构成 IGBT 功率模块，也可以使用其他全控器件。这种结构每相输出有两种电平，因此也称为两电平逆变电路。

从电路结构上看，如果把三相负载 Z_A、Z_B、Z_C 作为三相整流电路变压器的三个绕组，那么三相桥式逆变电路即为三相桥式可控整流电路与三相桥式不可控整流电路的反并联，其中，可控电路用来实现直流到交流的逆变功能，不可控电路为

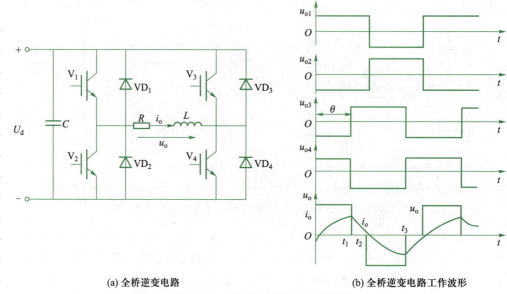

(a) 全桥逆变电路   (b) 全桥逆变电路工作波形

图 2-2-15   电压型全桥逆变电路原理

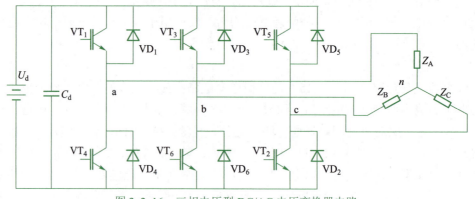

图 2-2-16   三相电压型 DC/AC 电压变换器电路

感性负载电流提供续流回路，完成电流续流或能量反馈，因此二极管 $VD_1 \sim VD_6$ 称为续流二极管或反馈二极管。这种三相桥式逆变电路在交流电机变频调速系统中得到了广泛的应用。

三相桥式逆变电路开关器件的导通次序和整流电路一样，也是 VT_1、VT_2、VT_3……各器件的驱动信号依次互差 60°。根据各器件导通时间的长短，分为 180° 导通型和 120° 导通型两种。对于瞬时完成换流的理想情况，180° 导通型的逆变电路在任意时刻都有三只管子导通，每个开关周期内各管导通的角度为 180°，同相上下两桥臂中的两只管子称为互补管，他们轮流导通，如 A 相中的 VT_1 和 VT_4 各导通 180°，同时相位也相差 180°，不会因 VT_1 和 VT_4 同时导通而引起电源短路。因此 180° 型三相桥式逆变电路导通间隔 60°，各管的导通情况依次是 VT_1、VT_2、VT_3、VT_2、VT_3、VT_4，VT_3、VT_4、VT_5，…，VT_5、VT_6、VT_1，如此反复。120° 导通型逆变电路各管导通 120°，任意时刻有两只不同相的管子导通，同一桥臂中的两只管子不是互补导通，而是有 60° 的时间间隔，所以逆变电路的各管导通间隔 60°，按 VT$_1$、VT$_2$、VT$_2$、VT$_3$、VT$_3$、VT$_4$、···、VT$_6$、VT$_1$ 的顺序导通。当某相中没有管子导通时，该相的感性电流经续流二极管导通。

（2）三相桥式逆变电路的基本参数。

对 180° 导通型三相桥式逆变电路进行分析，每隔 60° 的时段，其相电压、线电压如表 2-2-2 所示。

表 2-2-2　180° 导通型三相桥式逆变电路参数分析

时段		0°~60°	60°~120°	120°~180°	180°~240°	240°~270°	270°~360°
导通管号		1，2，3	2，3，4	3，4，5	4，5，6	5，6，1	6，1，2
相电压	u_{AO}	$+\frac{1}{3}U_d$	$-\frac{1}{3}U_d$	$-\frac{2}{3}U_d$	$-\frac{1}{3}U_d$	$+\frac{1}{3}U_d$	$+\frac{2}{3}U_d$
	u_{BO}	$+\frac{1}{3}U_d$	$+\frac{2}{3}U_d$	$+\frac{1}{3}U_d$	$-\frac{1}{3}U_d$	$-\frac{2}{3}U_d$	$-\frac{1}{3}U_d$
	u_{CO}	$-\frac{2}{3}U_d$	$-\frac{1}{3}U_d$	$+\frac{1}{3}U_d$	$+\frac{2}{3}U_d$	$+\frac{1}{3}U_d$	$-\frac{1}{3}U_d$
线电压	u_{AB}	0	$+U_d$	$-U_d$	0	$+U_d$	$+U_d$
	u_{BC}	$+U_d$	$-U_d$	0	$-U_d$	$-U_d$	0
	u_{CA}	$-U_d$	0	$+U_d$	$+U_d$	0	$-U_d$

假设三相负对称，即 $Z_A=Z_B=Z_C$。以 0°~60° 时段为例，对电路工作原理进行分析。

在 0°~60° 时段，IGBT（或其他全控型电力电子器件）VT$_1$、VT$_2$、VT$_3$ 同时导通，A 相和 B 相负载 Z_A、Z_B 都与电源正极连接，C 相负载 Z_C 与电源负极连接。由于三相负载对称，取负载中心点为电压基准点，则 A 相的电压 u_{AO} 和 B 相的电压 u_{BO} 相等，均为 $+\frac{1}{3}U_d$，C 相电压为 $-\frac{2}{3}U_d$。

同理，在 60°~120° 时段，VT$_1$ 关断，VT$_2$、VT$_3$、VT$_4$ 导通，Z_B 与电源正极连接，Z_A 与 Z_C 与电源负极连接，故 $u_{BO}=+\frac{2}{3}U_d$，$u_{AO}=u_{CO}=-\frac{1}{3}U_d$，依次类推，可得一个周期内其他时段的各相电压。最终得出任何一相的相电压的波形为六阶梯波，u_{BO} 滞后 u_{AO}120°，u_{CO} 滞后 u_{BO}120°，如图 2-2-17a 所示。

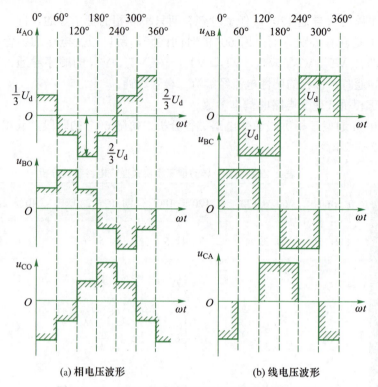

(a) 相电压波形　　　　　(b) 线电压波形

图 2-2-17　180°导通型三相逆变电路输出电压波形

线电压的表达式

$$u_{AB}=u_{AO}-u_{BO}$$

$$u_{BC}=u_{BO}-u_{CO}$$

$$u_{CA}=u_{CO}-u_{AO}$$

线电压波形为 120°的矩形波，各线电压依次相差 120°，如图 2-2-17 b 所示。

当逆变电路按 120°导通方式工作时，如在 0°～60°，VT$_6$、VT$_1$ 导通，则 Z_A、Z_B 连接电源的正负极，Z_C 不通电，则 $u_{AO}=+\frac{1}{2}U_d$，$u_{BO}=-\frac{1}{2}U_d$，$u_{CO}=0$；在 60°～120° 时段，VT$_1$、VT$_2$ 导通，Z_A、Z_C 分别连接电源的正负极，Z_B 不通电，则 $u_{AO}=+\frac{1}{2}U_d$，$u_{BO}=0$，$u_{CO}=-\frac{1}{2}U_d$。以此类推，可以得到相电压与线电压波形，如图 2-2-18 所示。与 180°导通型逆变电路输出相反，该相电压为矩形波，而线电压为六阶梯波。

由于同一桥臂中上下两开关管有 60°的导通间隙，对换流的安全有利，但管子的利用率较低，并且若电机采用星形接法，则始终有一相绕组断开，在换流时该相绕组中会引起较高的感应电动势，需要采取过电压保护措施。而 180°导通方式无论电机星形接法或是三角形接法，正常工作时不会引起过电压，因此对于电压型逆变器，180°导通方式应用较为广泛。

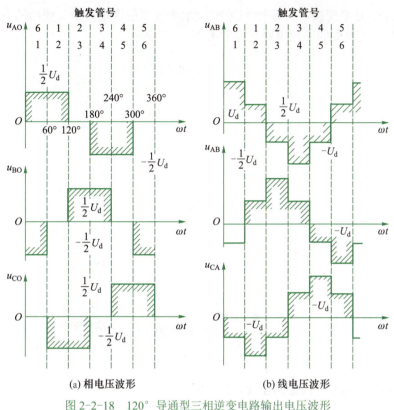

图 2-2-18　120° 导通型三相逆变电路输出电压波形

四、AC/DC 功率变换装置

1. AC/DC 功率变换器的功用

AC/DC 功率变换器是出现最早的电力电子电路，将交流电变为直流电，也称整流器。AC/DC 功率变换器的功用是接将交流电能转换为直流电能，如将 220 V 或 110 V 的交流电压转换成电子设备所需要的稳定直流电压。电动汽车中 AC/DC 功率变换器的功能主要是将交流发电机发出的交流电转换成直流电提供给电器或电能储能设备储存。

2. AC/DC 功率变换器的种类

在所有的电能基本转换形式中，AC/DC 功率变换器出现最早，自 20 世纪 20 年代迄今，已经历了旋转式变流机组（电动机 - 发电机组）、静止式离子整流器（由充气闸流管和汞弧整流管组成）、静止式半导体整流器［低频型（相位控制）和高频型（PWM 控制）］三个发展阶段。旋转式变流机组和离子式整流器的经济技术指标均不及半导体整流器，因而已被取代。按照电路中变流器件开关频率的高低，所有半导体变流电路可以分为低频（相控式）和高频（PWM 斩控式）两大类；按组成的器件，可分为不可控、半控、全控三种 AC/DC 功率变换器；按电路结构，可分为桥式电路和零式电路 AC/DC 功率变换器；按交流输入相数，可分为单相电路和多相电路 AC/DC 功率变换器；按变压器二次侧电流的方向，可分为单向或双向式 AC/DC 功率变换器。各种 AC/DC 功率变换器的区别在于其使用的整流电路，AC/DC 功率变换器的整流电路种类如图 2-2-19 所示。

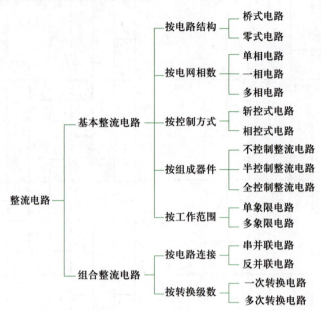

图 2-2-19　AC/DC 功率变换器的整流电路种类

3. AC/DC 功率变换器的组成及工作原理

1）三相桥式全控整流电路

三相桥式是应用最为广泛的整流电路，其电路原理如图 2-2-20 所示。三相交流电 u、v、w 经变压后分别介入晶闸管连线的 a、b、c 中，u、v、w 三相电压经过晶闸管 VT_1、VT_2、VT_3、VT_4、VT_5、VT_6 后进入负载，由于晶闸管的导通时间和顺序得到了控制，因而可以得到接近不变的直流电压。与阴极连接在一起的 3 个晶闸管为 VT_1、VT_3、VT_5，与阳极连接在一起的 3 个晶闸管为 VT_2、VT_4、VT_6。6 个晶闸管导通顺序为 $VT_1 \rightarrow VT_2 \rightarrow VT_3 \rightarrow VT_4 \rightarrow VT_5 \rightarrow VT_6$。晶闸管及输出整流电压的情况见表 2-2-3。每时刻导通的两个晶闸管分别对应阳极所接交流电压值最高的一个和阴极所接交流电压值最低的一个。

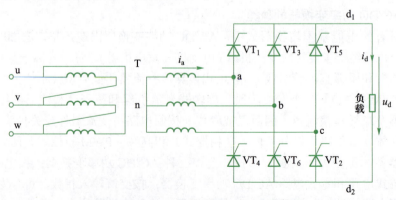

图 2-2-20　三相桥式全控整流电路原理图

表 2-2-3 晶闸管输出整流电压的情况

时段	I	II	III	IV	V	VI
共阴极组中导通的晶闸管	VT$_1$	VT$_1$	VT$_3$	VT$_3$	VT$_5$	VT$_5$
共阳极组中导通的晶闸管	VT$_6$	VT$_2$	VT$_2$	VT$_4$	VT$_4$	VT$_6$
整流输出电源 u_{cl}	$u_a-u_b=u_{ab}$	$u_a-u_c=u_{ac}$	$u_b-u_c=u_{bc}$	$u_b-u_a=u_{ba}$	$u_c-u_a=u_{ca}$	$u_c-u_b=u_{cb}$

a、b、c 的电压波形与输出电压 u_d，如图 2-2-21 所示。任意时刻共阴极组晶闸管和共阳极组晶闸管中各有一个导通。从线电压波形看，共阴极组晶闸管导通时，整流输出电压 u_{d1} 为相电压在正半周的包络线，共阳极组晶闸管导通时，整流输出电压 u_{d2} 为相电压在负半周的包络线，总的整流输出电压是两条包络线的差值，即 $u_d=u_{d1}-u_{d2}$。将其对应在线电压波形上，即为线电压在正半周的包络线，从而实现了由交流到直流的变换。

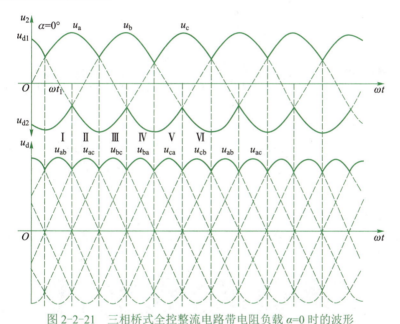

图 2-2-21 三相桥式全控整流电路带电阻负载 $\alpha=0$ 时的波形

2）AC/DC 功率变换器电路的工作原理

AC/DC 功率变换器电路的原理如图 2-2-22 所示，图中 U_{ref} 为参考电压，U_0 为 AC/DC 功率变换器的输出电压；PWM 为脉冲宽度调制式开关变换器。AC/DC 功率变换器由输入滤波电路、全波整流和滤波电路、DC/DC 变换电路、过电压和过电流保护电路、控制电路和输出整流电路组成。整流电路的作用是将交流电压变为直流脉动电压；输入滤波电路的作用是使整流后的电压更加平滑，并将电网中的杂波滤除，以免对模块产生干扰，同时，输入滤波器也阻止模块自身产生的干扰影响。DC/DC 变换电路和控制电路是模块的关键环节，由它实现直流电压的转换和稳压，为了得到稳定的输出电压 U_0，电路采用了实时反馈控制方式。保护电路的作用是在模块输入电压或电流过大的情况下使模块关断，从而起到保护作用。

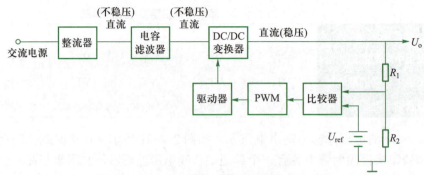

图 2-2-22   AC/DC 功率变换器电路原理

任务实施

一、IGBT 模块的检测

1. 准备工作

吉利 EV450 电机控制器 / 吉利 EV450 整车或其他车型电机控制器、万用表、抹布。

2. 操作步骤

（1）做好个人安全防护措施之后，拆下吉利 EV450 电机控制器上盖（注意：如果是在整车上作业，需要按照维修手册上规定的标准流程进行断电）。

（2）确保电机控制器无残余电荷。

（3）分别找到 U、V、W、HV+ 和 HV− 端。

（4）依据图 2-2-16、图 2-2-23 和表 2-2-4，将万用表调到二极管挡，对 IGBT 模块进行检测。

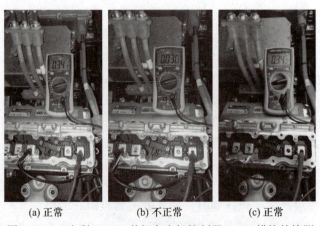

(a) 正常   (b) 不正常   (c) 正常

图 2-2-23   吉利 EV450 某辆车电机控制器 IGBT 模块的检测

表 2-2-4 吉利 EV450 IGBT 模块检测的标准值

万用表红表笔所接端子	万用表黑表笔所接端子				
	HV+	HV-	U	V	W
HV+	—	无穷大	无穷大	无穷大	无穷大
HV-	0.6 V	—	0.3V	0.3V	0.3V
U	0.3 V	无穷大	—	—	—
V	0.3 V	无穷大	—	—	—
W	0.3 V	无穷大	—	—	—

（5）记录检测结果

① 红表笔接_____，黑表笔接_____，标准值_____；测量数据_____。

② 红表笔接_____，黑表笔接_____，标准值_____；测量数据_____。

③ 红表笔接_____，黑表笔接_____，标准值_____；测量数据_____。

④ 红表笔接_____，黑表笔接_____，标准值_____；测量数据_____。

⑤ 红表笔接_____，黑表笔接_____，标准值_____；测量数据_____。

⑥ 红表笔接_____，黑表笔接_____，标准值_____；测量数据_____。

⑦ 红表笔接_____，黑表笔接_____，标准值_____；测量数据_____。

⑧ 红表笔接_____，黑表笔接_____，标准值_____；测量数据_____。

⑨ 红表笔接_____，黑表笔接_____，标准值_____；测量数据_____。

⑩ 红表笔接_____，黑表笔接_____，标准值_____；测量数据_____。

⑪ 红表笔接_____，黑表笔接_____，标准值_____；测量数据_____。

⑫ 红表笔接_____，黑表笔接_____，标准值_____；测量数据_____。

⑬ 红表笔接_____，黑表笔接_____，标准值_____；测量数据_____。

⑭ 红表笔接_____，黑表笔接_____，标准值_____；测量数据_____。

二、DC/DC 变换器的检测

1. 准备工作

吉利 EV450 新能源汽车、万用表、车内三件套、车外三件套、车辆挡块、抹布。

2. 操作步骤

（1）检查车辆停放位置。

（2）安装车轮挡块。

（3）安装车内和车外三件套。

（4）用万用表检查静态时低压辅助蓄电池的电压并记录。

（5）起动车辆，电压开关置于"READY"挡。

（6）测量低压辅助蓄电池端电压并记录，此时电压应为 13.8V 左右。

3. 记录数据

（1）静态电压：_____。

（2）"READY"挡时测电压：_____。

思考与练习

一、填空题

1. 电力电子器件在实际应用中往往由_____电路来控制，并采用该电路作为电力电子器件的电路。

2. 从新能源汽车的应用上看，_____、_____具有较好的应用前景。

3. 根据功率变换器的特点，可分为_____变换器、_____变换器和 Z 源变换器三类。

4. DC/DC 变换器也称为_____，通过对电力电子器件的通断控制，将直流电压断续地加到负载上，通过改变_____改变输出电压平均值。

5. 逆变可分为_____逆变与_____逆变两种。

6. 三相桥式逆变电路开关器件的导通次序和整流电路一样，也是 VT_1、VT_2、VT_3……各器件的驱动信号依次互差 60°。根据各器件导通时间的长短，分为_____导通型和_____导通型两种。

7. 电压型全桥逆变电路可看成由_____个半桥电路组合而成，共_____个桥臂。

8. AC/DC 功率变换器是出现最早的电力电子器件，将_____电变为_____电，也称整流器。

二、选择题（不定项）

1. 按照电力电子器件能够被控制电路信号所控制的度分为（　　）三类。

A. 不控器件　　　　　　　　　　　B. 半控器件

  C.全控型器件   D.可控器件

 2.下面属于全控型器件的是（   ）。

  A.晶闸管   B.门极可关断晶体管

  C.绝缘栅双极晶体管   D.电力场效应晶体管

 3.DC/DC 变换器根据开关控制方式分为（   ）调制式。

  A.脉宽   B.脉冲频率

  C.正激型   D.反激型

三、判断题（对的打"√"，错的打"×"）

 1.由于电力电子器件处理的电功率较大，为了减小本身的损耗、提高效率，一般都工作在断开状态。   （   ）

 2.为了保证电力电子器件不至于因损耗散发的热量导致器件温度过高而损坏，在其工作时一般都需要设计安装散热器。   （   ）

 3.降压型 DC/DC 变换器输出电压的高低与开关 K 的工作周期大小、每个周期中开关导通时间 t_{on} 和断开时间 t_{off} 的长短有关。   （   ）

 4.丰田汽车公司的 THS Ⅱ 混合动力系统使用的升压型 DC/DC 变换器。（   ）

 5.电动汽车的 AC/DC 功率变换器功用是将交流电变换为直流电，提供给交流驱动电机和单相交流用电器设备使用。   （   ）

 6.半桥逆变电路的优点是简单，使用器件少；其不足是交流电压幅值为 $U_d/2$，直流侧需两电容器串联，要控制两者电压均衡，仅适用于几千瓦以下的小功率逆变电源。   （   ）

四、名词解释

1.电力电子器件

2.DC/AC 电压变换器

五、简答题

1.绝缘栅双极晶体管的特点是什么？

2.简述相电压型 DC/AC 电压变换器电路结构。

🏠 评价与反馈

功率变换器的检测评价反馈见表 2-2-5。

表 2-2-5　功率变换器的检测评价反馈表

基本信息	姓名		学号		班级		组别	
	规定时间		完成时间		考核日期		总评成绩	
任务工单	序号	步骤	评分细则				分值	得分
	1	IGBT 模块的检测	准备不齐全扣 10 分； 没有做好个人安全防护扣 15 分（及时提醒）； 没有确认无残余电荷扣 15 分（及时提醒）； 结论错误扣 15 分； 测量方法错误扣 25 分； 测量结果错误扣 20 分； 没有记录或漏记录扣 10 分				45	
	2	D C / D C 变换器的检测	准备不齐全扣 10 分； 没有安装车轮挡块扣 10 分； 没有货漏装安装车内往外三件套扣 10 分； 没有用万用表检查静态时低压辅助蓄电池扣 10 分； 没有检测 DC/DC 变换器电压或检测方法错误扣 15 分； 没有记录检测数据 10 分				45	
	3	6S					10	
	合计						100	
说明：每项分都是扣完为止								

项目三

直流电机系统的构造与检修

> **项目概述**

　　驱动电机是电动汽车驱动核心部件之一。由于控制方法简单，控制技术成熟，直流电机广泛应用于早期电动汽车驱动系统。

任务一　直流电机的构造与检修

 学习目标

1. 知识目标
熟悉直流电机的分类。
掌握直流电机的结构与工作原理。
2. 技能目标
能正确对直流电机进行拆装与检修。

任务引入

　　早期新能源汽车用的驱动电机的类型是直流电机，那么直流电机的结构和工作原理是怎样的呢？直流电机出现故障后，如何进行拆装和检修呢？

 知识准备

一、直流电机的分类

　　直流电机分为绕组励磁式直流电机和永磁式直流电机。在电动汽车所采用的直流电机中，小功率电机采用的是永磁式直流电机，大功率电机则采用绕组励磁式直流电机。根据励磁方式的不同，绕组励磁式直流电机可分为他励式、并励式、串励式和复励式四种类型，其中复励式又分为差复励式和积复励式，如图 3-1-1 所示。

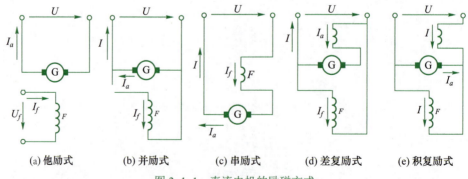

(a) 他励式　　　(b) 并励式　　　(c) 串励式　　　(d) 差复励式　　　(e) 积复励式
图 3-1-1　直流电机的励磁方式

1. 他励式直流电机

他励式直流电机的励磁绕组与电枢绕组无连接关系，而由其他直流电源给励磁绕组供电，因此励磁电流不受电枢端电压或电枢电流的影响。

他励式直流电机在运行过程中励磁磁场稳定且容易控制，易实现电动汽车的再生制动要求。当采用永磁激励时，虽然电机效率高、重量轻和体积小，但由于励磁磁场固定，电机的机械特性不理想，难以满足电动汽车起动和加速时的大转矩要求。

2. 并励式直流电机

并励式直流电机的励磁绕组与电枢绕组并联，共用同一个电源，性能与他励式直流电机基本相同。励绕组两端电压就是电枢两端电压，但是励磁绕组用细导线绕成，其匝数很多，因此具有较大的电阻，使得通过它的励磁电流较小。

3. 串励式直流电机

串励式直流电机的励磁绕组与电枢绕组串联后再接于直流电源，这种直流电机的励磁电流就是电枢电流。电机内磁场随着电枢电流的改变有显著的变化。为了使励磁绕组中不引起大的损耗和电压降，励磁绕组的电阻越小越好，所以串励式直流电机通常用较粗的导线绕成，匝数较少。

串励式直流电机在低速运行时，能给电动汽车提供足够大的转矩。在高速运行时，电机电枢中的反电动势增大，与电枢串联的励磁绕组中的励磁电流减小，电机高速时的弱磁调速功能易于实现，因此串励式直流电机驱动系统能较好地符合电动汽车的特性要求。但串励式直流电机由低速到高速运行时弱磁调速特性不理想，随着电动汽车行驶速度的提高，驱动电机输出转矩迅速减小，不能满足电动汽车高速行驶时风阻大而需要较大输出转矩的要求。

串励式直流电机运行效率低。在实现电动汽车的再生制动时，由于没有稳定的励磁磁场，再生制动的稳定性差。另外，由于再生制动需要加接触器切换，使得驱动电机控制系统的故障率较高，可靠性较差，并且此类电机的体积和质量也较大。

4. 复励式直流电机

复励式直流电机有并励和串励两个励磁绕组，电机的磁通由两个绕组内的励磁电流产生。若串励绕组产生的磁通量与并励绕组产生的磁通量方向相同，称为积复励；若两个磁通量方向相反，则称为差复励。

复励式直流电机的永磁励磁部分采用高磁性钕铁硼材料，运行效率高。由于电机永磁励磁部分有稳定的磁场，因此用该类电机构成驱动系统时易实现再生制动功能。同时，由于电机增加了励磁绕组，通过控制励磁绕组的励磁电流或励磁磁场的大小，能克服永磁他励式直流电机不能产生足够的输出转矩的缺点，以满足电动汽车低速或爬坡时的大转矩要求，且电机的质量和体积比串励式直流电机小。

二、直流电机的结构

直流电机由定子与转子两大部分构成，定子和转子之间的间隙称为气隙，直流电机

微课
直流电机的结构

的结构如图 3-1-2 所示，爆炸图如图 3-1-3 所示，爆炸图中的各部件如表 3-1-1 所示。

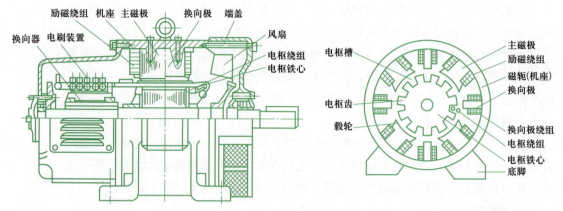

图 3-1-2　直流电机的结构

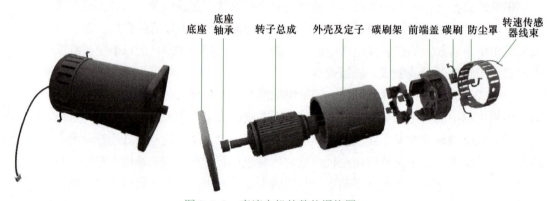

图 3-1-3　直流电机的整体爆炸图

表 3-1-1　直流电机部件外观

序号	名称	外观
1	底座	
2	前轴承	

续表

序号	名称	外观
3	转子总成	
4	外壳及定子	
5	碳刷架	
6	前端盖	
7	碳刷	
8	防尘罩	
9	转速传感器及线束	

1. 定子部分

定子的主要作用是产生气隙磁场，主要由主磁极、换向极、机座和电刷装置组成。

1）主磁极

主磁极的作用是建立主磁场。主磁极由主磁极铁心和套装在铁心上的励磁绕组构成，结构如图 3-1-4 所示。主磁极铁心靠近转子一端扩大的部分称为极靴，它的作用是使气隙磁阻减小，改善主磁极磁场分布，并使励磁绕组容易固定。为了减少转子转动时由于齿槽移动引起的铁耗，主磁极铁心采用 1 ~ 1.5 mm 的低碳钢板冲压一定形状叠装固定而成。主磁极上装有励磁绕组，整个主磁极用螺杆固定在机座上。主磁极的个数一定是偶数，励磁绕组的连接必须使得相邻主磁极的极性按 N、S 极交替出现。

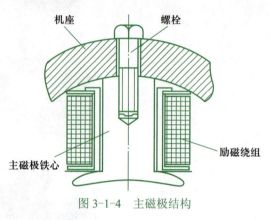

图 3-1-4　主磁极结构

2）机座

机座一般用铸钢铸成或用厚钢板焊接面成，机座有两个作用：一个是用来固定主磁极、换向极和电机端盖；另一个作用是作为磁场的通路，其中的导磁部分称为磁轭。机座要具有良好的导磁性能、足够的机械强度和刚度。

3）换向极

换向极是安装在两相邻主磁极之间的一个小磁极，它的作用是改善直流电机的换向情况，使直流电机运行时不产生有害的火花。换向极结构和主磁极类似，是由换向极铁心和套在铁心上的换向极绕组构成，并用螺杆固定在机座上，如图 3-1-5 所示。换向极的个数一般与主磁极的极数相等，在功率很小的直流电机中，也有不装换向极的。换向极绕组在使用中是和电枢绕组相串联的，要流过较大的电流，因此像主磁极的串励绕组一样，导线有较大的截面积。

4）端盖

端盖装在机座两端并通过端盖中的轴承支撑转子，将定子连为一体，同时端盖对直流电机内部还起防护作用。

5）电刷装置

电刷装置的作用是把直流电压、直流电流引入或引出。电刷的数目一般等于主磁极的数目。电刷装置由电刷、电刷盒、刷瓣和压紧弹簧等部分组成，其结构如

图 3-1-6 所示。电刷安装在电刷盒内，通过压紧弹簧将它压在换向器表面上，使它与换向器表面保持良好接触。

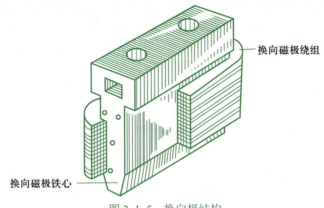

图 3-1-5　换向极结构

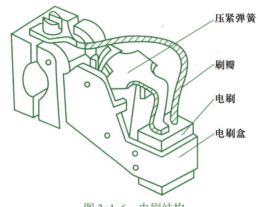

图 3-1-6　电刷结构

2. 转子总成

转子是直流电机的转动部分，俗称电枢。转子包括电枢铁心、电枢绕组、换向器、转轴、轴承等。

1）电枢铁心

电枢铁心既是主磁路的组成部分，又是电枢绕组支撑部分，电枢绕组嵌放在电枢铁心的槽内。为减少电枢铁心内的涡流耗损，铁心一般用厚 0.5 mm 且冲有齿、槽的型号为 DR530 或 DR510 的硅钢片叠压夹紧而成。小型直流电机的电枢铁心冲片直接压装在轴上，大型直流电机的电枢铁心冲片先压装在转子支架上，然后再将支架固定在轴上。为改善通风，冲片可沿轴向分成几段，以构成径向通风道。

2）电枢绕组

电枢绕组由一定数目的电枢线圈按一定的规律连接组成，是直流电机的电路部分，也是感应电动势、产生电磁转矩进行机电能量转换的部分。线圈用绝缘的圆形或矩形截面的导线绕成，分上下两层嵌放在电枢铁心槽内，上下层以及线圈与电枢铁心之间都要妥善地绝缘并用槽楔压紧。大型直流电机电枢绕组的端部通常紧扎在绕组支架上。

3）换向器

换向器又称整流子。在直流发电机中，换向器的作用是把电枢绕组中的交流电转换为直流电向外部输出；在直流电动机中，它是外部的直流电转换成电枢绕组内的交流电，以保证电动机产生恒定方向的电磁转矩。换向器由许多鸽尾形状的换向片排成一个圆筒，其间用云母片绝缘，两端再用两个 V 形环夹紧而构成，如图 3-1-7 所示。每个电枢线圈首端和尾端的引线，分别焊接入相应换向片内。

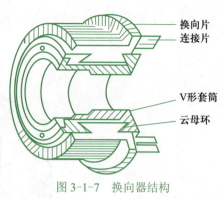

图 3-1-7   换向器结构

微课
直流电机工作
原理

三、直流电机的基本工作原理

直流电机的工作原理如图 3-1-8 所示。在磁场 N 极和 S 极之间，装有一个可以转动的线圈（电枢绕组），线圈的首末两端分别接到两片圆弧形的换向片（铜片）上，两个换向片之间、换向片与转轴（与线圈一起旋转）之间均相互绝缘，为了把电枢绕组和外电路接通，在换向器上安置了两个固定不动的电刷。由于电刷和电源固定连接，因此无论线圈怎样转动，总是上半边的电流向里，下半边的电流向外，由电磁感应原理可知，通电线圈在磁场中受到逆时针方向的力矩作用。虽然电流方向是交替变化的，但所受电磁力的方向不改变，因而线圈可以连续地按逆时针方向转动。

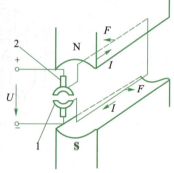

图 3-1-8   直流电机的工作原理
1—换向片   2—电刷

四、电动汽车用直流电机的驱动特性

电动汽车用直流电机的驱动特性如图 3-1-9 所示。

基本转速 n_b 以下为恒转矩区，基本转速 n_b 以上为恒功率区。在恒转矩区，励磁电流保持不变，改变电枢电压来控制转矩。在高速恒功率区，电枢电压不变，改变励磁电流或弱磁来控制转矩。直流电机的这种特性很适合汽车对动力源低速高转矩和高速低转矩的使用需求，而且直流电机结构简单，易于平滑调速，加之控制技术成熟，所以几乎所有早期的电动汽车都是采用直流电机。

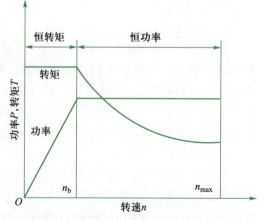

图 3-1-9   电动汽车用直流电机的驱动特性

五、直流电机的特点

1. 直流电机的主要优点

（1）调速性能良好。直流电机具有良好的电磁转矩控制特性，可实现均匀平滑的无级调速，具有较宽的调速范围。

（2）起动性能好。直流电机具有较大的起动转矩。

（3）具有较宽的恒功率范围。直流电机恒功率输出范围较宽，可确保电动汽车具有较好的低速起动性能和高速行驶能力。

（4）控制较为简单。直流电机可采用斩波器实现调速控制，具有控制灵活且高效、质量小、体积小、响应快等特点。

（5）价格便宜。直流电机的制造技术和控制技术都比较成熟，其控制装置简单、价格较低，因而整个直流驱动系统的价格较便宜。

2. 直流电机的主要缺点

（1）效率低。比交流电机的效率低。

（2）维护工作量大。有刷直流电机工作时电刷和换向器之间会产生换向，火花换向器容易烧蚀。

（3）转速低。转速越高，电刷和换向器产生的火花越大，限制了直流电机转速的提高。

（4）质量和体积大。直流电机功率密度低，质量大，体积也大。

六、直流电机的应用

电动汽车用直流电机主要是他励式直流电机（包括永磁直流电机）、串励式直流电机、复励式直流电机三种类型。小功率（小于 10 kW）的电机多采用小型高效的永磁式直流电机，一般应用在小型、低速的专用车辆上，如电动自行车、高尔夫球车、电动叉车、警用巡逻车等。中等功率（10 ～ 10 kW）的电机采用他励、串励或复励式直流电机，可以用在结构简单、转矩较大的电动货车上。大功率（大于 10 kW）的电机采用串励式直流电机，可用在低速、高转矩的大型专用电动汽车上，如电动矿石搬运车、电动玻璃搬运车等。

直流电机的效率和转速相对较低，运行时需要电刷和机械换向装置，机械换向结构容易产生电火花，不宜在多尘、潮湿、易燃、易爆环境中使用。其换向器维护困难，很难向大容量、高速度发展。此外，电火花产生的电磁干扰对高度电子化的电动汽车来说也是致命的。由于机械磨损，换向器和电刷需要定期更换，加之直流电机价格高、质量和体积较大，这些缺点降低了直流电动的可靠性和适用范围，一定程度上也限制了其在现代电动汽车领域的应用。随着控制理论和电力电子技术的发展，直流驱动系统和其他驱动系统相比已明显处于劣势。

七、永磁无刷直流电机

随着新型半导体技术、微控制器技术和控制理论的快速发展，以及高性能永磁

知识链接

永磁无刷直流
电机

材料的问世，采用电子换向装置的永磁无刷直流电机即保留了直流电机的突出优点，又有效解决了有刷电机安全可靠性差、维护成本高以及使用寿命短等方面的问题，因此，永磁无刷直流电机得到了越来越广泛的应用。

　　某永磁无刷直流电机的结构组成如图 3-1-10 所示，图中各部件如表 3-1-2 所示。

图 3-1-10　某永磁无刷直流电机的组成图

表 3-1-2　某永磁无刷直流电机部件

序号	名称	部件
1	后端盖	
2	前端盖	
3	转子位置传感器	
4	定子	
5	转子	

任务实施

一、电机的检测

驱动电机的测试项目和技术要求可以参照表 3-1-3 进行。

表 3-1-3　驱动电机的检测（通用表格）

序号	测试项目	技术要求	结果	判定
1	外观	电机表面不应有锈蚀、碰伤、划痕，涂覆层不应有剥落，紧固件连接牢固，接线端完整无损		
2	标识	电机铭牌标识清楚，字迹清晰，符合要求 1. 工作电压： 2. 最大功率： 3. 最高转速： 4. 防护等级： 5. 绝缘等级： 6. 型号： 7. 最大转矩：		
3	空转检查	无定转子相擦或异响		
4	冷却回路密封性（如果有冷却回路）	标准要求：加压 200 kPa 以上保压 15 min，不漏气		
5	冷态绝缘电阻（如果是直流电机，测量正负极冷态绝缘电阻）	标准要求： 兆欧表电压等级： 标准要求： 兆欧表电压等级：	U- 壳 V- 壳 W- 壳 U- 温度传感器 V- 温度传感器 W- 温度传感器	
6	绕组短路检查（如果是直流电机，测量正负极）	测试条件：使用专用量具进行绕组间的电阻测量	U-V V-W W-U	
7	绕组断路检查（如果是直流电机，测量正负极）	测试条件：使用专用工具转动电机，通过专用量具测量电机绕组间的电压	U-V V-W W-U	
8	旋变传感器绕组阻值检查（或者位置传感器等）	标准要求： 标准要求： 标准要求：	正弦 余弦 励磁	
9	电机绕组温度传感器阻值检查（如果有）	标准要求：		

注：1. 结果判定栏内仅需根据检查结果：正常打"√"；若不正常给出维修方案（维修、更换、调整）。

2. 此表格既适用于直流电机，也适用于交流电机。

3. 对应电机有不同的传感器和电机绕组，其相应名称可作适当调整。

二、永磁直流无刷电机的拆卸

1. 直流无刷电机主要技术指标

某永磁无刷直流电机主要技术指标见表 3-1-4。

表 3-1-4　某永磁无刷直流电机主要技术指标

电机名称	永磁无刷电机	型号	72 V-7.5 kW
额定转速	3 000 r/min	功能	倒车
额定电压	72 V	功率	7 500 W
额定电流	110 A	转把	1-3，8 V

2. 直流无刷电机拆卸注意事项

拆卸电机之前应首先拔开电机与控制器的引线，此时一定要记录电机引线颜色与控制器引线颜色的一一对应关系。打开电机端盖之前应清洁场地，以防止杂物被吸在电机内的磁钢上。做好端盖与直流无刷电机相对位置的标记，注意一定要对角松动螺栓，以免电机外壳变形。电机转子与定子的径向间隙为气隙（空气间隙），一般电机的气隙为 0.25 ～ 0.8 mm，当拆卸完电机排除了电机故障之后，一定要对原来的端盖记号进行装配，这样可以防止二次装配后的扫膛现象。

3. 准备工作

常用拆装工具、橡胶锤、撬具、拉马器、记号笔、抹布、手套，如图 3-1-11 所示。

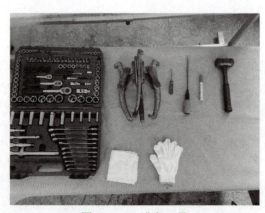

图 3-1-11　准备工具

4. 直流无刷电机拆解步骤

（1）在前端盖与壳体之间做相对记号（见图 3-1-12），并按顺序拆解前端盖固定螺栓，注意对角分多次均匀拆卸螺栓，如图 3-1-13 所示。

图 3-1-12　在前端盖与壳体之间做相对记号

图 3-1-13　拆解前端盖固定螺栓

（2）用拉马器将前端盖取出，如图 3-1-14 所示，注意操作安全，需两人操作，注意轴承可能脱落。

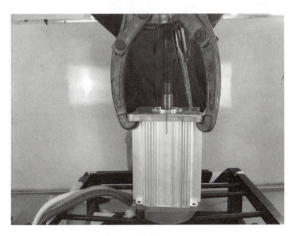

(a)

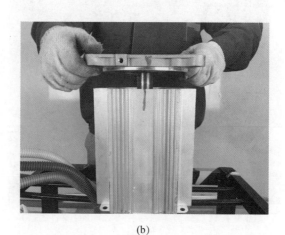

(b)

图 3-1-14　用拉马器将前端盖取出

（3）按顺序拆卸传感器端盖并取下端盖，如图 3-1-15 和图 3-1-16 所示，注意对角分多次均匀拆卸螺栓。

图 3-1-15　拆卸传感器端盖

图 3-1-16　取下端盖

（4）按顺序拆卸并取出位置传感器部件一，注意对角分多次均匀拆卸螺栓。用撬具均匀撬出位置传感器部件二，如图 3-1-17 所示。

图 3-1-17　拆卸传感器部件

（5）在后端盖与壳体之间做相对记号，如图 3-1-18 所示，并按顺序拆解后端盖固定螺栓，注意对角分多次均匀拆卸螺栓，如图 3-1-19 所示。

图 3-1-18　在后端盖与壳体之间做相对记号

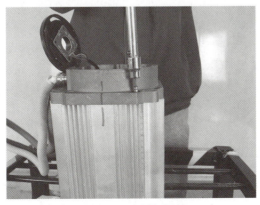

图 3-1-19　拆卸螺栓

（6）用拉马器取出转子，如图 3-1-20 所示。需两人操作，注意操作安全。

图 3-1-20　取出转子

（7）用撬具和橡胶锤均匀分多次轻轻敲击后端盖，如图 3-1-21 所示。注意操作安全。

图 3-1-21　敲击后端盖

（8）取下后端盖，如图 3-1-22 所示。

图 3-1-22　取下后端盖

（9）分解后的电机如图 3-1-23 所示。

图 3-1-23 分解后的电机

微课
永磁无刷直流
电机的安装

三、永磁直流无刷电机的安装

1.直流无刷电机安装注意事项

安装电机的时候，首先应清理电机部件表面的杂质，以免影响电机的正常运转，并且一定要将直流无刷壳体固定结实，以免安装时由于磁钢的强力吸引，造成部件相互撞击、损坏。

2.直流无刷电机安装步骤

（1）安装后端盖，注意相对标记，用橡胶锤轻轻敲击后端盖，使其安装入位，如图 3-1-24 所示。

图 3-1-24 安装后端盖

（2）按顺序安装后端盖螺栓，注意对角分多次均匀拧紧，如图 3-1-25 所示。

（3）装入转子，用手握住转子轴，使转子与定子互相吸合，用橡胶锤轻轻敲击转子轴，使其安装入位，如图 3-1-26 所示。

图 3-1-25   安装后端盖螺栓

图 3-1-26   装入转子

（4）按顺序安装位置传感器部件二、传感器部件部件一，注意对角分多次均匀安装螺栓，如图 3-1-27 所示。

图 3-1-27   安装位置传感器部件

（5）按顺序安装传感器端盖，注意对角分多次均匀安装螺栓，如图 3-1-28 所示。

图 3-1-28 安装传感器端盖

（6）装入后端盖，注意端盖与壳体之间相对标记，用橡胶锤轻轻敲击端盖，使其安装入位，并装入螺栓，注意对角分多次均匀安装螺栓，如图 3-1-29 和图 3-1-30 所示。

图 3-1-29 用橡胶锤轻轻敲击端盖

图 3-1-30 安装螺栓

（7）安装完毕。

思考与练习

一、填空题

1. 直流电机分为_____式直流电机和_____式直流电机。

2. 并励式直流电机的励磁绕组与电枢绕组_____，共用同一个_____，性能与他励式直流电机基本相同。

3. 串励式直流电机的励磁绕组与电枢绕组_____后再接于直流电源，这种直流电机的励磁电流就是_____电流。

4. 复励式直流电机有并励和串励两个_____绕组，电机的磁通由两个绕组内的_____电流产生。

5. 直流电机由_____与_____两大部分构成，他们之间的间隙称为气隙。

6. 主磁极的作用是建立_____。主磁极由主磁极铁心和套装在铁心上的_____构成。

7. 电枢铁心即是_____的组成部分，又是电枢绕组支撑部分，电枢绕组嵌放在电枢铁心的_____。

8. 电枢绕组由一定数目的_____按一定的规律连接组成，它是直流电机的电路部分，也是感生_____、产生电磁转矩进行机电能量转换的部分。

二、选择题（不定项）

1. 在电动汽车所采用的直流电机中，小功率电机采用的是（   ）直流电机，大功率电机则采用绕组励磁式直流电机。

    A. 绕组励磁式   B. 永磁式   C. 并励式   D. 串励式

2. 根据励磁方式的不同，绕组励磁式直流电机可分为（   ）等多种类型。

    A. 他励式   B. 并励式   C. 串励式   D. 复励式

3. 电动汽车用直流电机主要是（   ）等几种类型。

    A. 自励式直流电机   B. 他励式直流电机（包括永磁直流电机）

    C. 串励式直流电机   D. 复励式直流电机

三、判断题（对的打"√"，错的打"×"）

1. 由于控制方法简单，控制技术成熟，直流电机曾广泛应用于早期电动汽车驱动系统。   （   ）

2. 他励式直流电机的励磁绕组与电枢绕组无连接关系，而由其他直流电源给励磁绕组供电，但是励磁电流受电枢端电压或电枢电流的影响。   （   ）

3. 串励绕组两端电压就是电枢两端电压，但是励磁绕组用细导线绕成，其匝数很多，因此具有较大的电阻，使得通过它的励磁电流较小。   （   ）

4. 串励式直流电机通常用较细的导线绕成，匝数较多。   （   ）

5. 换向器又称整流子。在直流发电机中，换向器的作用是把电枢绕组中的交流电转换为直流电向外部输出。   （   ）

四、简答题

1. 直流电机定子的作用和组成是什么？

2. 直流电机换向器的作用是什么？

3. 直流电机机座的作用是什么？

评价与反馈

直流电机拆装与检修评价反馈见表 3-1-5。

表 3-1-5　直流电机拆装与检修评价反馈表

基本信息	姓名		学号		班级		组别	
	规定时间		完成时间		考核日期		总评成绩	
任务工单	序号	步骤	评分细则				分值	得分
	1	作业前准备	正确准备好常用拆装工具、抹布、操作台、绝缘测试仪、万用表				5	
	2	外观的检查	检查结果：＿＿＿＿＿＿＿＿				10	
	3	直流电机的检测	检测项目齐全；检测工具使用正确；检测方法正确 绕组的检测结果： 电阻值：＿＿＿＿＿＿ ＿＿＿＿＿＿＿＿＿＿ 绝缘值：＿＿＿＿＿＿ 传感器检测结果：＿＿＿＿＿				40	
	4	直流电机的拆卸	拆卸方法和步骤要正确 工具的使用要熟练				10	
	5	直流电机部件的检查	检查结果：＿＿＿＿＿＿＿				10	
	6	直流电机的装配	装配方法和步骤要正确 工具的使用要熟练				20	
	7	6S	—				5	
合计							100	
说明：每项分都是扣完为止								

任务二 直流电机控制技术分析

 学习目标

1. 知识目标

熟悉直流电机机械特性参数。

熟悉直流电机三种控制方式。

熟悉典型直流电机控制系统。

2. 技能目标

能正确对直流电机进行拆装与检修。

任务引入

直流电机是怎样起动的？正反转是如何控制的？又是如何进行调速控制的呢？

 知识准备

一、直流电机机械特性参数

1. 电枢电动势

电枢电动势是直流电机在正常工作时，电枢绕组切割气隙磁场所产生的电动势。

根据直流电机的运行原理，可以推导出电枢电动势 E_a 为

$$E_a = \frac{pN}{60a}\Phi n = C_E \Phi n$$

式中，p——电机磁极对数；

$\quad N$——电枢绕组总的导体数；

$\quad a$——电枢绕组的支路对数；

$\quad \Phi$——电机的每极磁通，Wb；

$\quad n$——电机的转速，r/min；

$\quad C_E$——电动势常数。

2. 电磁转矩

电磁转矩是直流电机的电枢绕组流过电流时，载流导体在磁场中受力而产生的总转矩。

根据直流电机的运行原理，可以推导出电磁转矩 T 为

$$T=\frac{pN}{2\pi a}\varPhi I_{\mathrm{a}}=C_{\mathrm{T}}\varPhi I_{\mathrm{a}}$$

式中，I_{a}——电枢电流，A。

C_{T}——转矩常数。

由此可知，直流电机的电磁转矩正比于电机的每极磁通和电枢电流。

3. 直流电机的机械特性数学方程式

根据上述两式，即可得到直流电机的机械特性数学方程式

$$n=\frac{U}{C_{\mathrm{E}}\varPhi}-\frac{R_{\mathrm{a}}+R_{\mathrm{c}}}{C_{\mathrm{E}}C_{\mathrm{T}}\varPhi^{2}}T=n_{0}-\beta T$$

式中，R_{a}——电枢绕组内电阻；

R_{c}——电枢外接电阻；

n_{0}——理想空载转速，$n_{0}=U/C_{\mathrm{e}}\varPhi$；

β——机械特性斜率，$\beta=(R_{\mathrm{a}}+R_{\mathrm{c}})/(C_{\mathrm{e}}C_{\mathrm{T}}\varPhi^{2})$。

由此可知，改变参数 R_{c}、U、$\varPhi$，即可调节直流电机的转速，相应的控制方式有串电阻、调压和弱磁三种。

二、直流电机控制方式

可以看出，U_{a}、R_{a}、$\varPhi$ 三个参数都可以称为变量，若是改变其中一个参数，就可以改变电机的转速，故直流电机有三种基本调速方式：① 改变电枢回路电阻 R_{a}；② 改变电枢电压 U_{a}；③ 改变励磁磁通 $\varPhi$。

1. 电枢回路电阻控制法

电枢回路电阻控制法是在磁极绕组励磁电流不变的情况下，通过改变电枢回路的电阻，使电枢电流变化来实现对电机转速的控制。当电机负载一定时，随着串入的外接电阻的增大，电枢回路总电阻增大，相应的电机的转速就会降低。

外接电阻的改变可以通过接触器或主令开关来实现。这种调速方式控制简单、操作方便，但只能进行有级调速，调速平滑性差，机械特性较软，空载时几乎没有调速作用，还会在调速电阻上消耗大量电能，因此很少在新能源汽车上应用。

2. 电枢电压控制法

电枢电压控制是通过改变电枢电压控制电机的转速，适用于电机基速以下的调速控制。直流电机的电枢电压与转速之间近似于线性调节，而电机的输出转矩不变，因此也称为恒转矩控制。该控制方法可以是直流电机在较宽的速度范围内实现平滑的速度控制，调速比一般为 1∶10，如果配合磁场调节，则调速比可以达到 1∶30。

电枢电压调速的实现过程为：当电枢电压降低，在转速、阻力矩还没来得及改变时，电枢电流必然下降，电枢产生的电磁转矩下降，致使电枢转速下降。随着电枢转速的降低，电枢反电动势减小，电枢电流上升，电磁转矩随之增大，直到与电机的阻力矩相平衡时，电机才会在比调压前更低的转速下稳定运行。

3. 励磁磁通控制法

励磁磁通控制法是通过调节励磁电流，改变磁极磁通来调节电机的转速，适用于电机基速以上的调速控制。当电机电枢电流不变时，该控制方法具有恒功率调速的特性。励磁磁通控制法效率较高，但其调速范围较小（一般不超过 1∶3），且响应速度较慢。

励磁磁通调速的实现过程为：减小磁通，在机械惯性力的作用下，电枢转速还没有来得及下降，而反电动势随着磁通的减小而下降，电枢电流增大，由于电流增加的幅度大于磁极磁通减小的幅度，因而电机的电磁转矩增大，如果这时电机的阻力矩不变，则转速会上升。随着电机转速的上升，电枢的反电动势增大，电枢电流随之减小，在电磁转矩与阻力矩平衡时，电机就会在比减小磁通前更高的转速下运行。

在实际的电流电机调速控制中，通常是电枢电压控制和励磁磁通控制相配合使用。在电机基速以下，励磁磁场保持不变，通过调节电枢电压控制电机的转速，称为调压调速，或称为恒转矩调速；在基速以上，通过调节励磁磁通控制电机的转速，称为弱磁调速，或称为恒功率调速。调压调速与弱磁调速相配合时，电机的转矩－转速特性如图 3-2-1 所示。

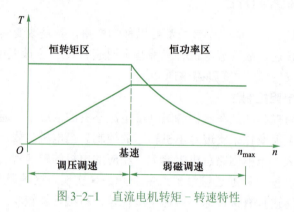

图 3-2-1　直流电机转矩－转速特性

三、典型直流电机控制系统

直流电机的转速、电流双闭环调速控制系统如图 3-2-2 所示。当车辆处于加速时，蓄电池提供电能，经 DC/DC 变换器输出给直流电机运行所需的直流电压；当车辆处于减速时，直流电机将机械能转换为电能，经 DC/DC 变换器向蓄电池或超级电容器等储能系统充电，所以该 DC/DC 变换器为功率双向的变换器。

直流电机控制系统根据整车运行需求，对直流电机实施转速与电流的双闭环控制。其中，外环 ASR 是自动速度调节器，根据转速指令与传感器输出的速度值的情况，产生电机电枢电流指令，其输出限幅为最大电枢电流值；内环 ACR 是自动电流调节器，控制实际电枢电流跟随电流指令值，该调节器输出为电枢回路电压指令值，其输出限幅为允许的最高电枢电压值，该电压指令值通过 PWM 单元产生

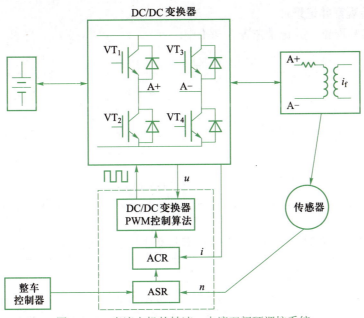

图 3-2-2　直流电机的转速、电流双闭环调控系统

开关信号区控制四象限可逆 DC/DC 变换器中半导体开关器件的导通和关断。控制 VT_1、VT_4 的开关状态，可以使 DC/DC 变换器向电机电枢绕组提供正向电压，从而控制电机处于正转电动工况；控制 VT_2 的开关状态，可以控制电机处于正转发电工况；控制 VT_3、VT_2 的开关状态，可以控制电机处于反转电动工况；控制 VT_4 的开关状态，可以控制电机处于反转发电工况。

 任务实施

一、直流电机的转动实验（改变磁场方向）

1. 实验搭建

直流电机的转动实验（改变磁场方向）的搭建如图 3-2-3 所示。

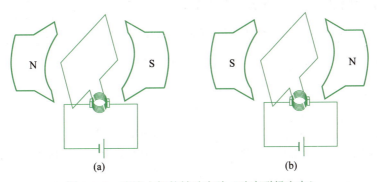

(a)　　　　　　　　　　　(b)

图 3-2-3　直流电机的转动实验（改变磁场方向）

2. 实验观察并记录

观察实验现象，并记录在表 3-2-1 中。

表 3-2-1   直流电机的转动实验（改变磁场方向）记录表

测试条件 磁铁 N 极在左侧 电压：2 V 电流：1.5 A	测试条件 磁铁 S 极在左侧 电压：2 V 电流：1.5 A
观察现象： 转子转动方向：□顺时针 □逆时针	观察现象： 转子转动方向：□顺时针 □逆时针

结论：通电线圈在磁场中受到的力的方向与磁场方向（□有关   □无关）

二、直流电机的转动实验（改变转子电流方向）

1. 实验搭建

直流电机的转动实验（改变转子电流方向）的搭建如图 3-2-4 所示。

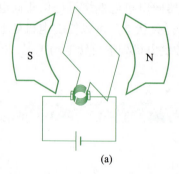 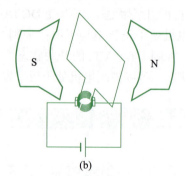

(a)   (b)

图 3-2-4   直流电机的转动实验（改变转子电流方向）

2. 实验观察并记录

观察实验现象，并记录在表 3-2-2 中。

表 3-2-2   直流电机的转动实验（改变转子电流方向）记录表

测试条件 电压：2 V 电流：1.5 A	测试条件 电压：2 V 电流：1.5 A
观察现象： 转子的旋转方向：□顺时针 □逆时针	观察现象： 转子的旋转方向：□顺时针 □逆时针

结论：通电线圈在磁场中受到的力的方向与通电线圈的电流方向（□有关   □无关）

三、直流电机的转动实验（改变转子电流大小）

1. 实验搭建
直流电机的转动实验（改变转子电流大小）的搭建如图 3-2-5 所示。

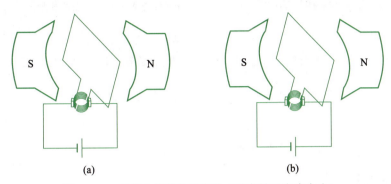

图 3-2-5　直流电机的转动实验（改变转子电流大小）

2. 实验观察并记录
观察实验现象，并记录在表 3-2-3 中。

表 3-2-3　直流电机的转动实验（改变转子电流大小）记录表

测试条件	测试条件
电压：3 V	电压：3 V
电流：1.2 A	电流：2 A
观察现象（与右侧实验对比）	观察现象（与左侧实验对比）
转子旋转快慢：□快　□慢	转子旋转快慢：□快　□慢
结论：通电线圈中的电流越大，通电线圈在磁场中受到的力越（□大　□小）	

四、直流电机的转动实验（改变定子电流方向）

1. 实验搭建
直流电机的转动实验（改变定子电流方向）的搭建如图 3-2-6 所示。

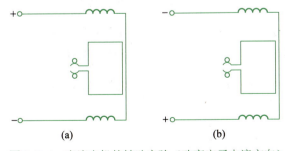

图 3-2-6　直流电机的转动实验（改变定子电流方向）

2. 实验观察并记录
观察实验现象，并记录在表 3-2-4 中。

表 3-2-4　直流电机的转动实验（改变定子电流方向）记录表

测试条件 电压：5 V 电流：3 A（方向与右侧相反）	测试条件 电压：5 V 电流：3 A（方向与左侧相反）
观察现象 转子的旋转方向：□顺时针　□逆时针	观察现象 转子的旋转方向：□顺时针　□逆时针

结论：通电线圈在磁场中受到的力的方向与通电定子的电流方向（□有关　□无关）

五、直流电机的转动实验（改变定子电流大小）

1. 实验搭建

直流电机的转动实验（改变定子电流大小）的搭建如图 3-2-7 所示。

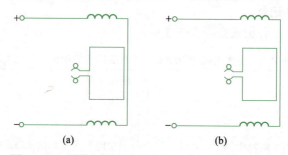

(a)　　　　　(b)

图 3-2-7　直流电机的转动实验（改变定子电流大小）

2. 实验观察并记录

观察实验现象，并记录在表 3-2-5 中。

表 3-2-5　直流电机的转动实验（改变定子电流大小）记录表

测试条件 电压：5 V 电流：2.4 A	测试条件 电压：5 V 电流：3 A
观察现象（与右侧实验对比） 转子旋转快慢：□快　□慢	观察现象（与左侧实验对比） 转子旋转快慢：□快　□慢

结论：通电定子中的电流越大，转子在磁场中受到的力越（□大　□小）

六、旋转磁场（改变材质）

1. 实验搭建

旋转磁场（改变材质）的搭建如图 3-2-8 所示。

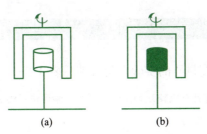

图 3-2-8　旋转磁场（改变材质）

2. 实验观察并记录

观察实验现象，并记录在表 3-2-6 中。

表 3-2-6　旋转磁场（改变材质）记录表

观察现象（转子放入铝块） 手摇动定子磁铁，铝块比磁铁转速： □快　□慢　□一样	观察现象（放入永磁铁心） 手摇动定子磁铁，磁铁比铝块转速： □快　□慢　□一样
结论：转子的转速与材料（□有关　□无关）	

思考与练习

一、填空题

1. 电枢电动势是直流电机在正常工作时，_____切割_____所产生的电动势。

2. 电磁转矩是直流电机的_____流过电流时，_____在磁场中受力而产生的总转矩。

3. 直流电机的三种基本调速方式是改变_____、_____和改变励磁磁通。

二、名词解释

1. 电枢回路电阻控制法

2. 电枢电压控制法

评价与反馈

直流电机转动和改变材质的实验评价反馈见表 3-2-7。

表 3-2-7　直流电机转动和改变材质的实验评价反馈表

基本信息	姓名		学号		班级		组别	
	规定时间		完成时间		考核日期		总评成绩	
任务工单	序号	步骤		评分细则		分值	得分	
	1	直流电机的转动实验（改变磁场方向）		测试方法错误扣 15 分；观察错误扣 5 分；结论错误扣 10 分		15		
	2	直流电机的转动实验（改变转子电流方向）		测试方法错误扣 15 分；观察错误扣 5 分；结论错误扣 10 分		15		
	3	直流电机的转动实验（改变转子电流大小）		测试方法错误扣 15 分；观察错误扣 5 分；结论错误扣 10 分		15		
	4	直流电机的转动实验（改变定子电流方向）		测试方法错误扣 15 分；观察错误扣 5 分；结论错误扣 10 分		15		
	5	直流电机的转动实验（改变定子电流大小）		测试方法错误扣 15 分；观察错误扣 5 分；结论错误扣 10 分		15		
	6	旋转磁场（改变材质）		测试方法错误扣 15 分；观察错误扣 5 分；结论错误扣 10 分		15		
	7	6S		—		10		
	合计					100		

说明：每项分都是扣完为止

项目四 ▶▶▶

交流感应电机系统的构造与检修

▶ **项目概述**

交流感应电机与直流电机相比，其结构简单，从技术水平看，感应电机驱动系统是电动汽车用电驱动系统的理想选择，尤其是驱动系统功率需求较大的大型电动客车。目前国内外高性能的感应电机驱动系统主要是采用矢量控制和直接转矩控制这两种控制方法。

任务一 交流感应电机的构造与检修

 学习目标

1. 知识目标

了解交流电机的分类。

掌握三相交流异步电机的结构与工作原理。

2. 技能目标

能正确对三相交流异步电机进行拆装与检修。

 任务引入

交流异步电机适合大功率的车辆使用，那么其结构和工作原理是怎样的呢？交流异步电机出现故障后，如何进行拆装和检修呢？

 知识准备

一、交流电机分类

交流电机可分为同步电机和异步电机两类。如果电机转子的转速 n 与定子旋转磁场的转速 n_1 相等，则转子与定子旋转磁场在空间同步地旋转，这种电机就被称为同步电机。如果 n 不等于 n_1，则转子与定子旋转磁场在空间旋转时不同步，则称为异步电机。三相异步电机有笼型异步感应电机和绕线式异步感应电机两种。由于绕线式异步感应电机成本高、需要维护、缺乏坚固性，因而没笼型异步感应电机应用广泛，特别是在电动汽车的电力驱动中。

二、三相交流异步电机的结构

三相交流异步电机的结构如图 4-1-1 所示，主要由定子、转子（层叠、压紧的硅钢片）、底座、壳体、后保护罩和冷却风扇等组成。转子和定子之间有一个非常小的空气气隙将转子和定子隔离开来，根据电机的容量的大小不同，气隙一般为 0.4～4 mm。气隙过小，电机装配困难，高次谐波磁场增强，附加损耗增加，起动性能变差，运行不可靠；气隙过大，则电机运行时的功率因数降低。

电机转子和定子之间没有任何电气上的联系，能量的传递全靠电磁感应作用，所以这样的电机也称感应式电机。

微课
三相交流异步
电机的结构与
工作原理

1. 外壳

三相电机外壳包括机座、轴承盖、接线盒、端盖及吊环等部件。

图 4-1-1　三相交流异步电机的结构

机座通常由铸铁或铸钢浇铸成型，其作用是保护和固定三相电机的定子绕组。为了提高散热性能，机座的外表一般都铸有散热片。

轴承盖也是用铸铁或铸钢浇铸成型，其作用是固定转子，使转子不能轴向移动，另外起到存放润滑油和保护轴承的作用。

接线盒一般是用铸铁浇铸成型，其作用是保护和固定绕组的引出线端子。

端盖用铸铁或铸钢浇铸成型，除了起防护作用外，还通过轴承把转子固定在定子内腔中心，使转子能够在定子中均匀地旋转。

2. 定子总成

定子是用来产生旋转磁场的，定子的构造如图 4-1-2 所示，主要由支撑空心定子铁心的钢制机座、定子铁心和定子绕组线圈组成。定子铁心为电机磁路的一部分，定子铁心内圆上均匀分布的插槽是用来嵌放对称三相定子绕组线圈的。定子铁心由表面涂有绝缘漆的薄硅钢片（厚 0.35～0.55 mm）叠压而成。为了减少交变磁通通过而引起的铁心涡电流损耗，硅钢片较薄，而且片与片之间是绝缘的。

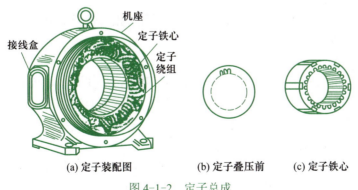

(a) 定子装配图　　(b) 定子叠压前　　(c) 定子铁心

图 4-1-2　定子总成

三相电机定子的三相绕组彼此独立，空间相差 120°。每相绕组又由若干线圈连接而成，线圈由绝缘铜导线或绝缘铝导线绕制而成。中、小型三相电机多采用圆漆包线，大型三相电机的定子线圈则采用较大截面的绝缘扁铜线或扁铝线绕制。当通入三相对称电流时，定子中就会产生旋转磁场。三相绕组的六个出线端都引至接线盒上，首端分别标为 A、B、C，末端分别标为 X、Y、Z。六个线端在接线盒里的排列如图 4-1-3 所示，可以接成星形或三角形。

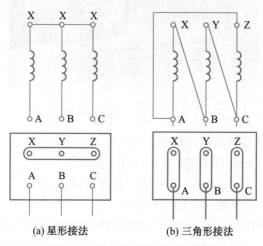

(a) 星形接法   (b) 三角形接法

图 4-1-3   定子绕组的连接方法

3. 转子总成

电机转子由转子绕组和转轴组成。转子、气隙和定子铁心构成了一个电机的完整磁路。

1）转子铁心

通常由厚 0.5 mm 的硅钢片叠压成一圆柱形，转子铁心装在转轴上，转轴拖动机械负载。转子铁心的作用和定子铁心相同，作为电机磁路的一部分并安放转子绕组。

2）转子绕组

异步电机的转子绕组有鼠笼形和绕线形两种，据此把异步电机分为绕线形与鼠笼形异步电机两类。

（1）鼠笼形绕组。

鼠笼形电机的转子有铜排转子和铸铝转子两类，如图 4-1-4 所示。铜排转子的特点是在转子铁心的每一个槽中插入一根铜条，在铜条两端各用一个铜环（称为端环）把导条连接起来。铸铝转子的特点是转子导条和端环风扇叶片用铝液一次浇铸而成，多用于 100 kW 以下的异步电机。

鼠笼形异步电机转子结构简单，工作可靠，价格低廉，在对电机的起动和调速没有特殊要求的场合，鼠笼形异步电机应用得最为广泛。

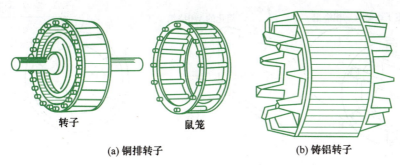

转子　　　鼠笼

(a) 铜排转子　　　　　　　　(b) 铸铝转子

图 4-1-4　鼠笼形绕组示意图

（2）绕线形绕组。

绕线形转子与电机的定子相同，在铁心的槽中嵌入三相绕组，三相绕组的一端连成 Y 形，三相绕组的另一端分别连接在三个铜制的集电环上，集电环固定在转轴上，三个环之间及环与转轴之间相互绝缘，集电环由弹簧压紧，保持电刷装置与外电路相连。为了改善电机的运行性能，通常在转子电路中串接电阻（见图 4-1-5）。

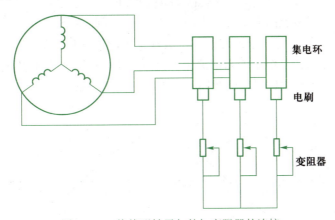

集电环

电刷

变阻器

图 4-1-5　绕线形转子与外加变阻器的连接

4. 冷却风扇

风扇的作用是冷却电机，由于汽车动力系统散热条件差，采用液冷式的电机越来越多。

三、三相交流异步电机工作原理

1. 绕组旋转磁场的产生

假定三相异步电机定子绕组的连接方法如图 4-1-6 所示，三个绕组的始端分别为 A、B、C，末端分别为 X、Y、Z。三相对称绕组分别为 AX、BY 和 CZ，并接在三相正弦交流电源上，通入三相对称电流。

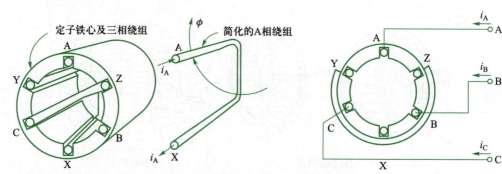

图 4-1-6　定子铁心绕组及其三相绕组的星形连接方法

为了简化起见，假设每相绕组只有一个线匝，三个绕组分别均匀嵌放在定子铁心圆周上的 6 个凹槽之中，即在空间位置上对称分布，互差 120°。

假定流入定子绕组的三相电流波形如图 4-1-7 所示，三相电流 i_A、i_B 和 i_C 随时间 t 和角速度 ω 的变化如下。

$$i_A = \sin\omega t$$
$$i_B = \sin(\omega t - 120°)$$
$$i_C = \sin(\omega t + 120°)$$

由于每相绕组电流的大小及其方向不断变化，因此各个不同瞬时定子铁心磁场分布是不断变化的。为了分析方便，一般规定电流为正值时（在坐标横轴上方），从绕组的始端流入，从绕组的末端流出（见图 4-1-7），为负值时相反。据此规则，则可得到三相电流产生的磁场随时间（角度）的变化关系。

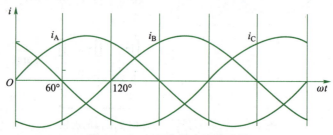

图 4-1-7　三相交流电流波形图

当 $\omega t = 0°$ 时，A 相电流 $i_A = 0$。C 相电流 i_C 为正值，即从 C 端流入，在 Z 端流出。B 相电流 i_B 为负值，即从 Y 端流入，在 B 端流出。根据电流的流向，应用右手螺旋定则，由 i_C 和 i_B 产生的合成磁场如图 4-1-8a 所示（电流方向由里向外，用 ⊙ 表示；由外向里，用 ⊕ 表示）。

当 $\omega t = 60°$ 时，C 相电流 $i_C = 0$。A 相电流 i_A 为正值，即从 A 端流入，在 X 端流出。B 相电流 i_B 为负值，即从 Y 端流入，在 B 端流出。由 i_A 和 i_B 产生的合成磁场如图 4-1-8b 所示。可以看出，此时合成磁场同 $\omega t = 0°$ 时相比，按顺时针方向旋转了 60°。

当 $\omega t = 120°$ 时，B 相电流 $i_B = 0$。A 相电流 i_A 为正值，即从 A 端流入，在 X 端流出。C 相电流 i_C 为负值，即从 Z 端流入，在 C 端流出。由 i_A 和 i_C 产生的合成磁场如图

4-1-8c 所示。可以看出，此时合成磁场同 $\omega t=60°$ 时相比，又按顺时针方向旋转了 $60°$。同 $\omega t=0°$ 时相比，按顺时针方向旋转了 $120°$。

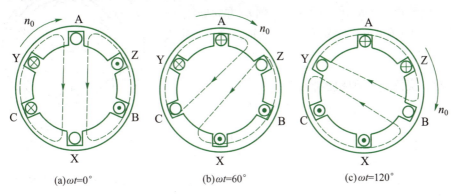

(a) $\omega t=0°$ (b) $\omega t=60°$ (c) $\omega t=120°$

图 4-1-8 两极旋转磁场示意图

当 $\omega t=180°$ 时，此时的合成磁场同 $\omega t=0°$ 时相比，按顺时针方向旋转了 $180°$。根据这样的规律，当 $\omega t=360°$ 时，合成磁场正好旋转了一周。

由此可知，当定子绕组中的对称三相电流随时间不断周而复始地变化时，由它们在电机定子空间所产生的合成磁场随电流的变化而在不断旋转着。这就是使异步电机转子能够转动所需的旋转磁场。

2. 异步电机旋转磁场的转向

异步电机旋转磁场的转向与通入绕组的三相电流相序有关。任意对调两根三相电源接到定子绕组上的导线，就可以改变异步电机的旋转方向。

图 4-1-6 所示方法的特点是电机定子三相绕组 A—X、B—Y、C—Z 是按三相电流 A、B、C 的相序接到三相电源上的，这时定子三相绕组中的电流是按顺时针方向排列的，旋转磁场也是按顺时针方向转动的。如果将电源 B 相接到原来的 C 相绕组上，电源 C 相接至原来的 B 相绕组上，则定子三相绕组中的电流相序就按逆时针方向排列，产生的旋转磁场将按逆时针方向旋转。

3. 旋转磁场的转速

以上分析的是电机产生一对磁极时的情况，当定子绕组连接形成的是两对磁极时，运用相同的方法可以分析出此时电流变化一个周期，磁场只转动了半圈，即转速减慢了一半。由此类推，当旋转磁场具有 p 对磁极时（即磁极数为 $2p$），交流电每变化一个周期，其旋转磁场就在空间转动 $1/p$ 转。因此，三相电机定子旋转磁场每分钟的转速 n_1、定子电流频率 f 及磁极对数 p 之间的关系是

$$n_1=60f/p$$

4. 工作原理

三相交流电通入定子绕组后，便形成了一个旋转磁场，其转速 $n_1=60f/p$。旋转磁场的磁力线被转子导体切割，根据电磁感应原理（发电机右手定则），转子导体产生感应电动势。转子绕组是闭合的，则转子导体有电流流过。设旋转磁场按顺时针方向旋转，且某时刻上为 N 极下为 S 极，如图 4-1-9 所示。根据右手定则，在上半

部转子导体的电动势和电流方向由里向外，用表示⊙；在下半部则由外向里，用⊕表示。导体受电磁力作用形成电磁转矩，推动转子以转速 n 顺 n_0 方向旋转（n 不能等于 n_0）（电机左手定则），并从轴上输出一定大小的机械功率。

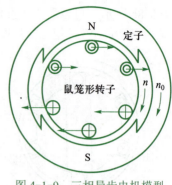

图 4-1-9　三相异步电机模型

四、交流异步电机的特点

1. 交流异步电机的优点

与有刷直流电机相比，交流异步电机具有如下优点：

（1）效率较高。交流异步电机的效率高于直流电机，这一特点对于车载能量有限的电动汽车来说格外重要。

（2）结构简单、体积较小、重量轻。相比于直流电机，交流异步电机转子的结构简单、尺寸小、重量轻。

（3）工作可靠、使用寿命长。交流异步电机无电刷和换向器，不存在换向火花问题，因而工作可靠性较高，使用寿命也较长。

（4）免维护。不存在换向火花问题，无电刷磨损问题，因而在使用中无须维护。

2. 交流异步电机的缺点

（1）调速性能相对较差。由于转子的转速与定子旋转磁场的旋转速度存在差速，因而调速性能较差。

（2）配用的控制器成本较高。交流异步电机的控制相对较为复杂，配用的控器成本较高。

五、交流异步电机在电动汽车中的应用

交流异步电机是一种应用广泛的电机，运行可靠、转速高、成本低。从技术水平看，交流异步电机驱动系统是电动汽车用驱动系统的理想选择，但是，在高速运行时转子容易发热，需要对电机进行冷却，且其提速性能较差。因而，交流异步电机适合大功率、低速车辆，尤其是驱动系统功率需求较大的大型电动客车，如国内主流客车企业生产的广汽 G76120EV1、金龙 XMQ6126YE、申沃 SWB6121EV2 等电动客车均采用交流异步电机系统。以特斯拉为首的美国车企和部分欧洲车企也使用交流感应电机。

 任务实施

一、电机的检测

驱动电机的测试项目和技术要求可以参照表 3-1-3 进行。

二、交流异步电机的分解

1. 交流异步电机拆卸注意事项

微课
交流异步电机
的拆卸

拆装电机之前应首先拔开电机与控制器的引线，此时一定要记录电机引线颜色与控制器引线颜色的一一对应关系。打开电机端盖之前应清洁作场地，以防止杂物被吸在电机内的磁钢上。注意一定要对角松动螺钉，以免电机外壳变形。电机转子与定子的径向间隙为气隙（空气间隙），一般电机的气隙为 0.25 ～ 0.8 mm，当拆卸完电机排除电机故障之后，一定要对原来的端盖记号进行装配，这样可以防止二次装配后的扫膛现象。

2. 准备工作

常用拆装工具、拉马器、抹布、手套。

3. 交流异步电机拆解步骤

（1）在前端盖和机体之间做好相对记号，如图 4-1-10 所示。

图 4-1-10　在前端盖和机体之间做好相对记号

（2）拆下前端盖螺栓，注意螺栓拆卸顺序，用撬棒轻轻撬动边缘，取下前端盖，如图 4-1-11 所示。

图 4-1-11　拆卸前端盖

（3）拆卸接线盒端盖，注意螺栓拆卸顺序，如图 4-1-12 所示。

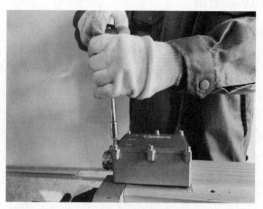

图 4-1-12　拆卸接线盒端盖

（4）拆下接线盒中的螺栓，如图 4-1-13 所示。注意螺栓拆卸顺序。

图 4-1-13　拆下接线盒中螺栓

（5）将电机后端朝上，在齿轮罩盖和后端盖上做好装配记号，拆下齿轮罩盖固定螺栓，如图 4-1-14 所示。注意螺栓拆卸顺序。

图 4-1-14　拆下齿轮罩盖固定螺栓

（6）用锤子轻敲四周，取下罩盖，如图 4-1-15 所示。

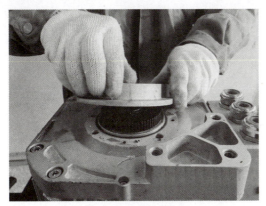

图 4-1-15 取下罩盖

（7）做好相对标记，拆下后端盖螺栓，如图 4-1-16 所示。注意螺栓拆卸顺序。

图 4-1-16 拆下后端盖螺栓

（8）将电机卧倒，整体取出后端盖与转子，如图 4-1-17 所示。

图 4-1-17 取出后端盖与转子

（9）用卡簧钳将卡环取出，拆卸后端盖上的 4 个螺栓，用拉马器取下后端盖，分别如图 4-1-18～图 4-1-20 所示。

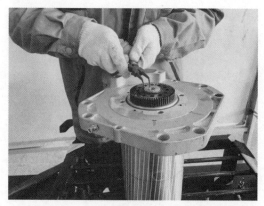

图 4-1-18　用卡簧钳将卡环取出

图 4-1-19　拆卸后端盖上的 4 个螺栓

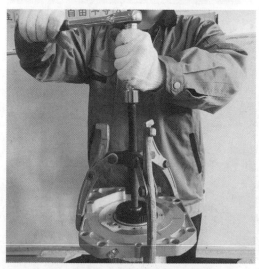

图 4-1-20　用拉马器取下后端盖

至此，拆解完成。

三、交流异步电机的装配

1. 交流异步电机安装注意事项

安装电机的时候，首先应清理电机部件表面的杂质，以免影响电机的正常运转，造成部件相互撞击、损坏。

2. 交流异步电机安装步骤

（1）将后端盖安装到转子轴上，如图 4-1-21 所示。注意要用锤子均匀敲击四周，直至端盖到达最底部，用同样方法将齿轮装入转子轴上，如图 4-1-22 所示。注意齿轮的正反面，并用卡簧钳将卡环安装到位，注意操作安全，小心卡簧弹出。将 4 个螺栓装入后端盖，如图 4-1-23 所示。注意螺栓安装顺序。

微课
交流异步电机
的安装

图 4-1-21　将后端盖安装到转子轴上

图 4-1-22　将齿轮装入转子轴上

图 4-1-23　将 4 个螺栓装入后端盖

（2）将后端盖与转子整体缓缓放入定子，如图 4-1-24 所示，注意装配记号。

图 4-1-24　将后端盖与转子整体缓缓放入定子

（3）按顺序拧紧后端盖螺母，先将两个小固定螺栓装入，再装其余大固定螺栓，如图 4-1-25 所示。

图 4-1-25　安装固定螺栓

（4）安装传感器罩盖，如图 4-1-26 所示。注意装配记号和螺栓安装顺序。

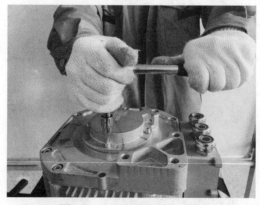

图 4-1-26　安装传感器罩盖

（5）装入接线盒中固定端盖螺栓，如图 4-1-27 所示。注意安装正确，防止螺栓掉入电机。

图 4-1-27　装入接线盒中固定端盖螺栓

（6）安装接线盒，如图 4-1-28 所示，注意 UVW 一一对应，并按顺序拧紧接线盒螺栓。

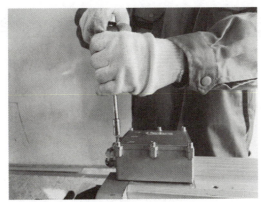

图 4-1-28　安装接线盒

（7）装入前端盖，用锤子均匀敲击端盖，注意安装位置与记号和螺纹孔对应，按顺序拧紧螺栓，如图 4-1-29 和图 4-1-30 所示。

图 4-1-29　装入前端盖

图 4-1-30　安装位置与记号

至此，装配完成。

思考与练习

一、填空题

1. 交流电机可分为_____和_____两类。

2. 三相异步电机主要由_____、转子（层叠、压紧的硅钢片）、底座、壳体、后保护罩和_____等组成。

3. 异步电机的转子绕组有_____和_____两种。

4. 当通入_____时，定子中就会产生_____。

5. 定子旋转磁场每分钟的转速取决于_____及_____。

二、判断题（对的打"√"，错的打"×"）

1. 拆装交流异步电机无须做标记。　　　　　　　　　　　　（　　）

2. 所有的三相异步电动机都可以采用 Y 型接法。　　　　　（　　）

3. 异步电机工作时转子的转速不等于定子旋转磁场的转速。　（　　）

三、简答题

1. 交流异步电机的优点是什么？

2. 转子和定子之间有一个非常小的空气气隙，过大或过小有什么影响？

评价与反馈

交流感应电机拆装与检修评价反馈见表 4-1-1。

表 4-1-1 交流感应电机拆装与检修评价反馈表

基本信息	姓 名		学号		班级		组别	
	规定时间		完成时间		考核日期		总评成绩	
任务工单	序号	步骤		评分细则			分值	得分
	1	作业前准备		正确准备好常用拆装工具、抹布、操作台、绝缘测试仪、万用表			5	
	2	外观的检查		检查结果：_____			10	
	3	交流感应电机的检测		检测项目齐全；检测工具使用正确；检测方法正确 绕组的检测结果 电阻值：_____ 绝缘值：_____ _____ 传感器的检测结果：_____ _____			40	
	4	交流感应电机的拆卸		拆卸方法和步骤要正确 工具的使用要熟练			10	
	5	交流感应电机部件的检查		检查结果：_____			10	
	6	交流感应电机的安装		安装方法和步骤要正确 工具的使用要熟练			20	
	7	6S		—			5	
	合计						100	

说明：每项分都是扣完为止

任务二　交流感应电机控制技术分析

学习目标

1. 知识目标
理解交流感应电机调速原理。
熟悉变压变频控制技术。
熟悉矢量控制技术。
熟悉直接转矩控制技术。

2. 技能目标
通过交流感应电机的转向和转速实验，加深对交流感应电机调速原理的理解。

任务引入

交流感应电机转向是如何控制的呢？又是如何进行调速控制的？

知识准备

一、交流感应电机调速原理

交流感应电机控制系统的主要作用是为电机提供变压、变频电源，同时其电压和频率能够按照一定的控制策略进行调节，以使驱动系统具有良好的转矩－转速特性。

由于交流感应电机的直轴和交轴的耦合作用，导致其动态模型的高度非线性，使得交流感应电机的控制比直流电机要复杂得多。交流感应电机转速控制的基本公式为

$$n=n_{s}(1-s)=\frac{60f}{p}(1-s)$$

式中，n——电机转子转速；

$\quad\quad n_{s}$——同步旋转磁场转速；

$\quad\quad s$——转差率；

$\quad\quad p$——磁极对数；

$\quad\quad f$——电源频率。

通过上述公式可知，改变 s、p 和 f，可以调节电机转速，因此可以将交流感应电机的基本调速方式相应分为三种，即调压调速、变极调速和变频调速。改变交流

感应电机输入电源的电压进行调速的方式称为调压调速,是一种变转差率调速方式;改变感应电机的磁极对数,从而改变同步旋转磁场转速进行调速的方式称为变极调速,其转速阶跃变化;改变感应电机输入电源频率,从而改变同步磁场转速的调速方式称为变频调速,其转速可以均匀变化。对于交流感应电机调速控制,一般采用控制多种变量的方法。目前高级的控制策略和复杂的控制算法(如自适应控制、变结构控制和最优控制等)已经得以使用,具有快速响应、高效率和宽调速范围的优势。

为了实现交流感应电机的理想调速控制,许多新的控制方法被应用到交流感应电机驱动系统中,其中较为成功的是变压变频(VVVF)控制、矢量控制(FOC)和直接转矩控制(DTC)。传统的变压变频控制由于其动态模型的非线性不能使电机满足所要求的驱动性能,而矢量控制可以克服由于非线性带来的控制难度,能在线准确辨识出电机的参数,控制性能非常优越。目前随着微处理器性能的不断提高,国内外已经推出了多种型号的基于矢量控制的控制器,控制性能已基本满足汽车的动力性要求。

二、变压变频控制

在对交流感应电机进行调速控制时,希望保持电机中每极磁通量 Φ_m 为额定值不变。若是磁通太小,则不能充分利用电机的铁心,是一种浪费;若是磁通太大,又会使铁心饱和,导致励磁电流过大,严重时会因绕组过热而烧坏电机。对于交流感应电机,由于磁通是由定子和转子磁动势合成产生的,因此需要采取相应的控制方式保持磁通恒定。

交流感应电机定子每相感应电动势的有效值表达式为

$$E_g = 4.44 f_1 N_s k_{Ns} \Phi_m$$

式中,E_g——气隙磁通在定子每相中感应电动势的有效值,V;

$\quad$ f_1——定子频率,Hz;

$\quad$ N——定子每相绕组串联匝数;

$\quad$ k_{Ns}——定子绕组系数;

$\quad$ Φ_m——每极气隙磁通,Wb。

由上式可知,只要控制好感应电动势 E_g 和频率 f_1,就可以达到保持磁通 Φ_m 恒定的目的。因此,需要考虑基频(额定频率)以下和基频以上两种情况。

1)基频以下调速

当频率 f_1 从额定频率向下调节时,若要保持磁通 Φ_m 不变,则必须同时降低感应电动势 E_g,且

$$\frac{E_g}{f_1} = 常数$$

即采用电动势频率比为恒定值的控制方式。

对于定子绕组中的感应电动势是难以直接控制和调节的,当电动势较高时,可

以忽略定子绕组的漏磁阻抗压降，认为 $U_s \approx E_g$，则可得

$$\frac{U_s}{f_1} = 常数$$

这就是基频以下的恒压频比控制方式，此时输出转矩保持恒定，属于恒转矩调速。

低频时，U_s 和 E_g 都比较小，定子绕组的漏磁阻抗压降所占比例较高，不能忽略，这时可以人为升高电压 U_s，以补偿定子的漏磁阻抗压降。

2）基频以上调速

在基频以上调速时，频率应该从 f_N 向上调节，但定子电压 U_s 不能超过额定电压 U_{sN}，只能保持 $U_s = U_{sN}$，这时在频率向上调节的同时，使磁通与频率成反比例降低，即相当于直流电机的弱磁升速，属于恒功率调速。

变压变频调速方式的转矩-转速特性如图 4-2-1 所示。该特性曲线可以分为三段，第一段在电机频率低于基频时，产生额定转矩，称为恒转矩区；在第二段，定子电压保持恒定，转差增加到最大值，电机功率保持在额定值不变，称为恒功率区；在高速区，转差保持恒定不变，而定子电流衰减，转矩以速度的二次方减小。因为变压变频控制方法有气隙磁通偏移和延时响应等缺点，所以变压变频调速并不适合用于高性能电动汽车驱动系统。

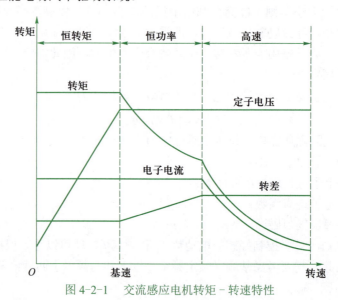

图 4-2-1　交流感应电机转矩-转速特性

三、矢量控制技术

矢量控制是指将交流电机的定子电流作为矢量，经坐标变换分解成与直流电机的励磁电流和电枢电流相对应的独立控制电流分量，以实现电机转速／转矩控制的方式。交流感应电机的控制通常是通过调节定子三相端电压来实现的。但实际上，施加定子电压后，定子绕组不仅包含电枢电流，同时还包含励磁电流分量。在传统

的变压变频控制方式中，由于不能对其中的电枢电流和励磁电流解耦，实施独立控制，所以电机的转矩变化呈现强烈的非线性特征，转矩控制性能远不能与他励直流电机相比。

为了改善动态特性，对于交流感应电机控制系统，应优先选择矢量控制技术而不是变压变频控制。磁场定向矢量控制技术是建立在交流感应电机与直流电机类比基础上的。直流电机工作原理如图 4-2-2 所示。电机内静止的主磁场 Φ 由定子励磁绕组产生，在图 4-2-2 中为水平方向。电枢绕组中流过交变的电枢电流，但在电刷和换向器的作用下，电枢反应磁场 Φ_a 成为静止磁场，并且方向与主磁场保持垂直，所以直流电机的转矩公式 $T_e = C\Phi I_a$ 才会如此简单。

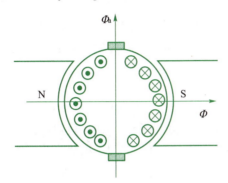

图 4-2-2　直流电机工作原理

而在数学中，一个稳定的正弦变化量可以等效为某个恒定旋转矢量在静止坐标轴上的投影，并且矢量旋转的速度等于正弦变化量的角速度，所以稳态下感应电机正弦变化的定子电流可以与某个恒定的电流旋转矢量对应起来。如果交流感应电机控制系统立足于选择电流矢量的位置上，并始终与其保持同步运行，那么看到的将是一个恒定的直流电流。即使在动态过程中，看到的也是一个直流电流，只不过直流电流的大小在变化。

交流感应电机转矩的产生是定子电流与气隙磁场作用的结果，而定子电流矢量与气隙磁场都在以同步速度旋转，在图 4-2-2 中，可以看到直流的定子电流与直流的气隙磁场，那么它们的大小与夹角正弦值的乘积就可以表示电机转矩的大小。与他励直流电机不同的是，交流感应电机的磁场需要定子绕组中的电流来产生。所以上述直流电流与直流磁场一般并不能保持垂直。在这种情况下，定子直流电流可以分解为两个分量，一个与直流气隙磁场平行的 I_1，该电流仅与磁场有关系；另一个是与磁场垂直的 I_2，正是它与磁场的作用才产生转矩。这两个电流分量分别称为定子电流的励磁分量和转矩分量，他们与直流电机的励磁电流和电枢电流相对应，并且也都是直流分量，从而就完全可以按照直流电机的控制规律去控制交流感应电机，并且也能够具有与直流电机相同的控制性能。

1. 交流感应电机数学模型

交流感应电机是一个高阶、非线性、强耦合和多变量的系统，通常情况下作如下假设。

（1）不考虑铁心饱和的影响，从而可以利用叠加原理计算电机各个绕组电流共同作用下产生的合成磁场。

（2）三相绕组对称，绕组所产生的磁动势沿气隙圆周在空间上按正弦分布，忽略空间谐波的影响。

（3）不考虑频率和温度变化对绕组电阻的影响，无论绕线形还是鼠笼形，都等效为绕线转子，并折算到定子侧。

这样把实际的交流感应电机等效为六绕组耦合电路模型。A、B、C 三相静止的定子绕组和 a、b、c 三相旋转的转子绕组都对称分布（空间上各自互差 120°），并且转子绕组以某一电角度 ω 旋转。

2. 矢量控制基本思路

对于交流感应电机三相对称的静止绕组 A、B、C，通过三相平衡的正弦电流 i_A、i_B、i_C 时，所产生的合成磁动势是旋转磁动势 F，它在空间呈正弦分布，以同步转速 ω 顺着 A—B—C 的相序旋转。

在两相、三相、四相等多相对称绕组中通以多相对称电流时，都能够产生旋转磁动势，其中以两相最为简单，两相静止绕组 α 和 β，它们在空间互差 90°，通以时间上互差 90° 的两相平衡交流电流 i_α、i_β，也可以产生旋转磁动势 F，该磁动势与三相对称的静止绕组 A、B、C 所产生的磁动势大小和转速都相等时，即认为二者是等效的。

两个匝数相等且互相垂直的绕组 M 与 T，分别通以直流电流 i_M 和 i_T，产生合成磁动势 F，其位置相对于绕组来说是固定的。让包含两个绕组在内的整个铁心以同步转速旋转，则磁动势 F 自然也随之旋转起来，成为旋转磁动势。如果这个磁动势的大小和转速与三相对称的静止绕组 A、B、C 所产生的磁动势的大小和转速都相等，也认为二者是等效的。

根据旋转磁场等效的原则，经过三相两相变换和旋转变换等矢量变换，使三相交流感应电机的三相绕组和直流电机的直流绕组等效，从而能模拟直流电机控制转矩的方法对交流感应电机的转矩进行控制，这就是矢量变换控制。

通过把交流感应电机与直流电机对比分析，可以看出矢量控制的基本思路是：模拟直流电机的控制方法对感应电机进行控制，根据线性变换以及变换前后的磁动势和功率不变的原则，通过正交变换将 a-b-c 三相坐标系下的数学模型变换成 α-β 二相静止坐标系的模型，然后通过旋转变换将二相静止坐标系的模型变换成 d-q 二相的旋转坐标系的模型。在（α-β）/（d-q）变换下将定子电流矢量分解成按转子磁场定向的两个直流分量 i_d 和 i_q（i_d 为励磁电流分量，i_q 为转矩电流分量），并对其分别加以控制，控制 i_d 相当于控制磁通，控制 i_q 相当于控制转矩。

在交流感应电机磁场定向的矢量控制算法中，将旋转坐标系中 d 轴放在转子磁场上为转子磁场定向控制，将旋转坐标系中 d 轴放在定子磁场上为定子磁场定向控制，将旋转坐标系中 d 轴放在气隙磁场上为气隙磁场定向控制，由于后两种控制方式相对难以实现，并且电机的电磁转矩表达式是非线性的。因此通常采用转子磁场定向（RFOC）对交流感应电机模型进行分析和控制。

由三相静止坐标系 abc 变换为二相同步旋转坐标系变换转矩为

$$C_{3s-2r}=C_{2s-2r}C_{3s-2s}=\sqrt{\frac{2}{3}}\begin{bmatrix}\cos\theta & \sin\theta \\ -\sin\theta & -\cos\theta\end{bmatrix}\begin{bmatrix}1 & -\frac{1}{2} & -\frac{1}{2} \\ 0 & \frac{\sqrt{3}}{1} & -\frac{\sqrt{3}}{2}\end{bmatrix}$$

基于转子磁场定向控制的交流感应电机的磁链方程：

$$\psi_r=\frac{L_M}{1+T_rp}i_{sm}$$

式中，T_r——转子回路时间常数，$T_r=L_r/R_r$。

基于转子磁场定向控制的交流感应电机电磁转矩方程为

$$T_e=P_n\frac{L_m}{L_r}i_{st}\psi_r$$

当转子磁链 ψ_r 恒定时，上式可变换为

$$T_e=P_n\frac{L_m^2}{L_r}i_{sm}i_{st}$$

从上式可以看出，交流感应电机转子磁链恒定时的转矩方程与直流电机转矩方程相似。从物理结构上看，交流感应电机与直流电机不同，不是依靠换向器来固定磁场的空间位置关系，而是通过坐标变换或矢量变换使转子磁链 ψ_r 与转矩电流分量 i_{st} 正交解耦。因此可以通过控制 ψ_r 和 i_{st}，或控制 i_{sm} 和 i_{st} 来控制电磁转矩。对于电动汽车用交流感应电机，在基速以下，保持励磁电流 i_{sm} 为恒定值，只需调节 i_{st} 即可改变电磁转矩，实现转矩控制；在基速以上，调节励磁电流 i_{sm} 与转速 ω_r，保持 $i_{sm}\omega_r$ 恒定，同时调节转矩电流 i_{st}，保持 $T_e\omega_r$ 恒定，实现恒功率控制。

随着磁场定向控制技术的发展，出现了许多实现磁场定向控制的方法，根据转子磁场测量方式的不同，这些方法可以分为两类：直接磁场定向控制和间接磁场定向控制。直接磁场定向控制需直接测量转子磁场，这增加了控制的复杂性和低速运行时测量的不可靠性。因此直接磁场定向控制很少应用于交流感应电机控制系统。

与直接磁场定向控制不同，间接磁场定向控制通过计算确定转子磁场，而不是直接测量，这种方法相对于直接磁场定向控制更易于实现。因此，间接磁场定向控制在高性能的新能源汽车驱动系统中具有很好的应用前景。

3. 典型的交流感应电机矢量控制系统

交流感应电机矢量控制原理如图 4-2-3 所示，该控制系统采用电流控制的电压型逆变器供电。控制系统首先根据外部给定信号（转速、转矩等），结合被控对象的信息（电机参数），设定电机运行的励磁电流和转矩电流的参考值 i_{sm}^*、i_{st}^*（相当于直流电机的励磁电流和电枢电流），然后利用转子磁场角度进行旋转坐标变换，将参考值变换到三相静止坐标系中，得三相定子电流参考值。根据此电流参考值采用合适的 PWM 技术控制逆变器三相输出电流密切跟随其电流指令值。

理想情况下认为逆变器的电流响应没有延时，图 4-2-3 中矩形框 1 部分的延时可以忽略，那么交流感应电机调速系统就转换成为直流电机调速系统，这就是矢量控制技术的思路；矩形框 2 是将外部给定信号转换成电机电流指令信号单元，它比直流电机的控制器多两个变换单元，是控制系统软件的主要部分；矩形框 4 是调速系统中的硬件部分，也是调速系统电能变换的部分；矩形框 3 表示被控对象感应电机和与其等效的直流电机之间的关系。

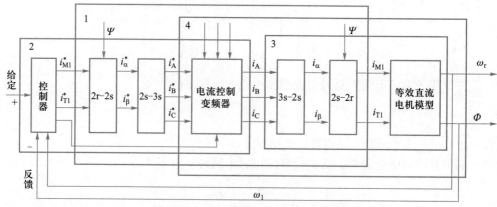

图 4-2-3　交流感应电机矢量控制原理

4. 间接磁场定向控制系统

图 4-2-4 所示为具有较高实用价值的间接磁场定向矢量控制系统，其磁场定向角由转子位置信号和根据电机工作指令计算出的转差角频率的积分合成得到的，采用这种方式进行磁场定向可以弱化控制系统对电机参数的依赖。针对定子电流的闭环控制，该系统采用三相定子电流闭环控制方案。在基速以上运行时，框图中的函数发生器 FG 单元将根据电机速度适当减小励磁电流，从而在电压有限的情况下可以继续进行升速控制。此外，电压型逆变器在图 4-2-4 所示算法的控制下呈现受控电流源特性。车载储能器件包括燃料电池发动机（FCE）、超级电容器（SC）及蓄电池（BAT）等。通常情况下，储能器件最好通过一个 DC/DC 变换装置与逆变器相连接，特别是燃料电池的特性比较软，大负载情况下过大的电压跌落会严重制约新能源汽车动力性能的发挥。对于超级电容和蓄电池，双向 DC/DC 变换器可以将车辆制动时的电能重新储存一部分，从而改善整车的能耗指标。

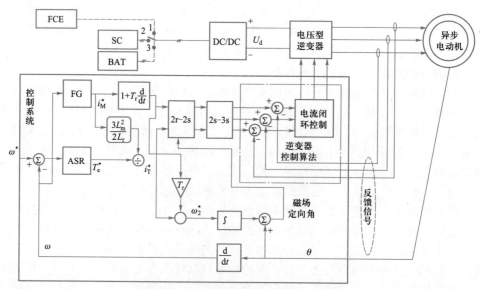

图 4-2-4　间接磁场定向矢量控制系统

四、直接转矩控制

1. 直接转矩控制基本概念

20 世纪 80 年代中期，德国鲁尔大学 Depenbrock 教授和日本学者 Takahashi 相继提出了直接转矩控制（DTC）技术，它是继矢量控制技术之后发展起来的一种高动态性能的感应电机变压变频调速技术。DTC 技术首先应用于感应电机的控制，后来逐渐推广到弱磁控制和同步电机的控制中。

交流感应电机驱动系统中的直接转矩控制技术是基于定子两相静止参考坐标系，一方面维持转矩在给定值附近，另一方面维持定子磁链沿着给定轨迹（预先设定的轨迹，如六边形或圆形等）运动，对交流感应电机的电磁转矩与定子磁链直接进行闭环控制。最早提出的经典控制结构是采用 bang-bang 控制器对定子磁链与电磁转矩实施起停式控制，分别将它们的脉动限制在预先设定的范围内。bang-bang 控制器是进行比较与量化的环节，当实际值超过调节范围的上、下限时，它就产生动作，输出的数字控制量就会发生变化，然后由该控制量直接决定电压型逆变器输出的电压空间向量。

这种经典的直接转矩控制调速系统具有以下特点：

（1）基于静止坐标系对电机进行闭环控制，控制系统简单，不需要磁场定向矢量控制技术的旋转坐标变换。

（2）没有电流调节单元，不需要磁场定向矢量控制技术中对定子电流的磁场分量和转矩分量进行闭环控制。

（3）设有专门的对定子电压进行脉宽调制的单元，不需要像磁场定向矢量控制技术中采用专门的 PWM 算法（如空间矢量脉宽调制技术和电流滞环脉宽调制技术）。

（4）特有的电压矢量表，这在其他控制方式中是不会出现的。

（5）对定子磁链幅值、电磁转矩均通过 bang-bang 滞环调节器实现闭环控制，这也是经典直接转矩控制技术所特有的。

2. 直接转矩控制方案分析

1）德国 Depenbrock 教授的直接自控制（DSC）方案

直接自控制方案是针对大功率交流传动系统电压型逆变器感应电机提出来的控制方案。由于当时采用大功率 GTO 半导体开关器件，考虑到器件本身的开通、关断比较慢，还有开关损耗和散热等实际问题，GTO 器件的开关频率不能太高，当时的开关频率要小于 1 kHz，通常只有 500～600 Hz。而即便到现在，大功率交流传动应用场合中开关频率也只能有几千赫兹。在较低的开关频率下，直接自控制方案采用的是利用两点式电压型逆变器的六个非零电压矢量，按照预先给定的定子磁链幅值指令顺次切换六个矢量，从而实现了预设的六边形定子磁链轨迹控制。在定子磁链自控制单元的基础上，通过实时地插入零电压矢量来调节电机的转矩在合适的范围内，这是转矩自控制单元的功能。在插入零矢量时，合适地交替选择两个零电压矢量可以起到减小 GTO 开关频率的作用，直接自控制（DSC）方案如图 4-2-5 所示。

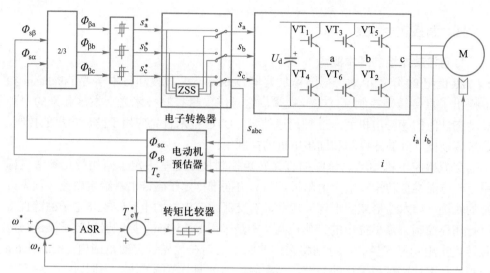

图 4-2-5　德国 Depenbrock 教授的直接自控制（DSC）方案

六边形定子磁链按轨迹运行时，定子磁链中含有较多的谐波分量。经分析，定子磁链与转子磁链之间是一阶函数的关系。当低速大负载时，转子磁链不再是圆形，由于含有较多的谐波分量，使转矩的低频脉动明显化。这种方案的改进可以采取以下几种方式：

（1）引入多边形定子磁链轨迹的控制（开关频率会增加）。例如，通过在合适的位置引入相应折角的方案，就可以显著减小逆变器直流环路中电流的整数倍数次谐波分量。

（2）从根本上来说，引入占空比的控制，以适当调节定子磁链旋转的平均角速度，可以显著减小低速时转矩的脉动。

（3）引入采用空间矢量脉冲宽度调制（SVPWM）的间接定子量控制（ISR），可以在系统闭环控制周期较大的情况下仍有较好的静动态性能。

2）日本学者 Takahashi 的 DTC 方案

该方案是现今研究最多的一种 DTC 方案，它采用了查询电压矢量表的方法，对定子磁链和电机转矩同时进行调节，控制方案如图 4-2-6 所示。根据定子磁链幅值与电机转矩的滞环式 bang-bang 调节器、定子磁链矢量空间位置形成查表所需的信息，从电压矢量表中直接查出应施加的电压矢量对应的开关信号，以此来控制逆变器。这种方案为了向理想的圆形磁链轨迹靠近，采用了准圆形定子磁链轨迹，以保证定子磁链幅值基本不变，同时也使开关频率有较大增加。

对于该控制方案，不同的电压矢量表会对交流传动系统的静、动态性能有很大的影响。例如，选用反转的电压矢量可以大大加快系统的动态响应，防止定子磁链大幅度地减小，即防止消磁的出现，但稳态时转矩有较大的脉动，同时开关频率也较大。而不采用反转的电压矢量就会出现消磁，其次也会减慢转矩减小时的过渡过程，而其开关频率则会低一些。另外，采用不同阶数的滞环调节器、设置不同的滞环环差，以及不同的负载及电机的速度都会影响逆变器实际的开关频率，这也是直接转矩控制技术的特点之一。

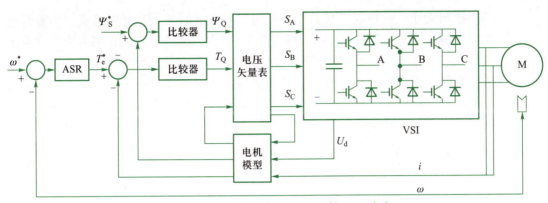

图 4-2-6　日本学者 Takahashi 的 DTC 方案

　　传统 DTC 方案均是直接利用逆变器本身输出的电压矢量，并且选中的电压矢量将作用于整个控制周期，这也是 DTC 方案特有的 PWM 技术。因此 DTC 技术中无须使用其他的 PWM 单元，但由于所采用的电压矢量大小、方向均是固定不变的，因此会导致很大的转矩脉动，转矩的脉动只能由转矩滞环式 bang-bang 调节器来限制，但由于控制系统的惯性，转矩脉动往往超出其预设范围。

　　3）改进的 DTC 方案

　　传统直接转矩控制技术虽然具有控制结构简单、动态响应快等优点，但存在着与其特殊的 PWM 技术密切相关的定子磁链与电磁转矩脉动，并且在低速时，转矩的脉动相当大，甚至有时电机的转速也有较大的波动，降低了传动系统低速运行时的稳定性。

　　为改善系统的性能，就要在电机定子上施加方向、幅值可调的电压矢量，对传统直接转矩控制技术进行改进。电压矢量的调节方式分为以下三类：

　　（1）对电压矢量幅值大小进行调节，方向仍然为其固有的六个方向；

　　（2）增加一些较多方向且幅值可调的电压矢量；

　　（3）电压矢量可以取任意的方向和任意的幅值。

　　在第一种方案中，可以引入占空比的控制。简单地说，就是调节某一个电压矢量在整个控制周期内作用的时间份额。在进行占空比控制时，有以下两种方案：一种是稳态占空比，即着重考虑电机的速度，同时为了改善动态性能，又必须考虑到定子磁链幅值与其给定值之间的差值以及转矩实际值与给定值之间的差值等；另一种是瞬态占空比控制，即每个控制周期内的占空比均须通过实时计算得到，如计算出以减小转矩脉动为目的而需施加的电压矢量的一个分量，进而就可算出占空比。前者基本不改变传统直接转矩控制系统的简单结构，但却可以在低速时极大地减小转矩脉动，并且选择适当的占比，该系统的动态响应也基本不会变慢。

　　第二种方案是利用 SVPWM 技术将两电平逆变器与三电平逆变器及多电平逆变器综合应用的一种方案。例如，如将两电平逆变器原有的电压矢量仅作用半个控制周期，就相当于在整个控制周期内作用的是具有原先幅值一半的同向电压矢量，如图 4-2-7 b 所示。图 4-2-7 c 为两点式逆变器输出的六个非零电压矢量，图 4-2-7b 中的六个小矢量就是采用上述方法派生出来的，同样也可以派生出别的幅值。类似地，采用 SVPWM 技术可以生成一些具有其他方向上的电压矢量，如图 4-2-7 c 所示。该方案是在采用传统 DTC 技术（bang-bang 调节器以及电压矢量开关表）的基础上，发掘两电平逆变器（和别的较少电平的逆变器）的能力而提出的。通过上述的合成新型电压矢量的技术，可以派生出如图 4-2-7d 所示的（当然可以更多）类似三电平逆变器的电压矢量，这样就相当于大大扩充了电压矢量表中供选取的电压矢量数目。在低速时，小幅值电压矢量在满足控制需求的前提下，可以大幅度地减小转矩的动能。故该方案可以取得更好的控制效果。

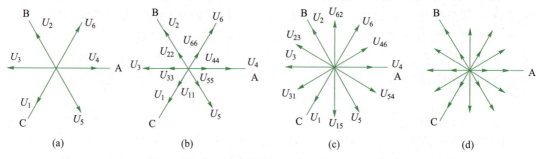

图 4-2-7　电压矢量的扩充图

第三种方案是应用任意方向、任意幅值（在逆变器的输出范围内的）的电压矢量，这就需要新型的 SVPWM-DTC 控制系统。该系统也称为间接定子量控制系统，该系统仍然是基于定子两相静止坐标系，与传统 DTC 不同的是，它对定子磁链与电机转矩都分别采用经典的 PI 调节器进行闭环控制，并由其输出共同合成电压矢量的指令值。该方案分为基于定子静止坐标系和基于同步旋转坐标系等不同的形式。虽然这些控制方案的结构相对复杂，但由于运用了较成熟的 SVPWM 技术，可以使逆变器输出幅值和方向均可调的电压矢量，因此驱动系统的稳态性能更好，基本上可以取得与矢量控制系统相当的性能。

 任务实施

一、交流感应电机的转向实验

1. 实验搭建

交流感应电机的转向实验的实验搭建如图 4-2-8 所示。

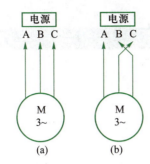

图 4-2-8　交流感应电机的转向实验

2. 实验观察并记录

观察实验现象，并记录在表 4-2-1 中。

表 4-2-1　交流感应电机的转向实验记录表

观察现象	观察现象
转子线圈的转向：	转子线圈的转向：
□顺时针　□逆时针	□顺时针　□逆时针
结论：任意对调两根电源线，交流异步电机的转向（□变　□不变）	

二、交流感应电机的转速实验

1. 实验搭建

交流感应电机的转速实验的搭建如图 4-2-9 所示。

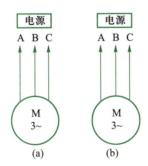

图 4-2-9　交流感应电机的转速实验

2. 实验观察并记录

观察实验现象，并记录在表 4-2-2 中。

表 4-2-2　交流感应电机的转速实验记录表

测量转速	测量转速
通入 20 Hz 三相交流电时，	通入 50 Hz 三相交流电时，
转速为：_____ r/m	转速为：_____ r/m
结论：（1）改变三相交流电的频率，交流异步电机的转速（□变　□不变）；	
（2）交流异步电机转子的速度（□大于 □等于 □小于）旋转磁场的转速	

思考与练习

一、填空题

1. 交流感应电机的基本调速方式分为三种，即_____、变极调速和_____。

2. 改变交流感应电机输入_____，从而改变_____转速的调速方式称为变频调速，其转速可以均匀变化。

3. 为了实现交流感应电机的理想调速控制，许多新的控制方法被应用到交流感应电机驱动系统中，其中较为成功的是_____、_____和直接转矩控制。

二、判断题（对的打"√"，错的打"×"）

1. 改变交流感应电机输入电源的电压进行调速的方式称为调压调速，是一种不变转差率调速方式。　　　　　　　　　　　　　　　　　　　　　（　　）

2. 改变交流感应电机的磁极对数，从而改变同步旋转磁场转速进行调速的方式称为变极调速，其转速阶跃变化。　　　　　　　　　　　　　　（　　）

3. 对于交流感应电机调速控制，一般采用控制多种变量的方法。目前高级的控制策略和复杂的控制算法（如自适应控制、变结构控制和最优控制等）已经得以使用，以获得快速响应、高效率和宽调速范围的优势。　　　　　　　　（　　）

4. 对于交流感应电机，由于磁通是由定子和转子磁动势合成产生的，因此需要采取相应的控制方式保持磁感应强度恒定。　　　　　　　　　　　（　　）

三、名词解释

1. 矢量控制

2. VVVF

3. FOC

四、简答题

交流感应电机控制系统的主要作用是什么？

评价与反馈

交流感应电机的转向和转速实验评价反馈见表 4-2-3。

表 4-2-3 交流感应电机的转向和转速实验评价反馈表

基本信息	姓 名		学号		班级		组别	
	规定时间		完成时间		考核日期		总评成绩	
任务工单	序号	步骤		评分细则			分值	得分
	1	交流感应电机的转向实验		测试方法错误扣 45 分；观察错误扣 15 分；结论错误扣 30 分			45	
	2	交流感应电机的转速实验		测试方法错误扣 45 分；观察错误扣 15 分；结论错误扣 30 分			45	
	3	6S		—			40	
	合计						100	
说明：每项分都是扣完为止								

项目五 ▶▶▶

永磁同步电机系统的构造与检修

▶ 项目概述

    永磁同步电机的基本结构与交流异步电机类似，都包括定子部分和转子部分。掌握永磁同步驱动电机的结构和工作原理是进行永磁同步电机拆装和检修的基础。永磁同步电机是目前主流电动汽车上运用最多的一种驱动电机。

    永磁同步电机的控制较为复杂，其控制方法也有多种，如矢量控制（磁场定向控制）、直接转矩控制和恒压频比开环控制等。

任务一 永磁同步电机的构造与检修

学习目标

1. 知识目标

熟悉永磁电机的分类。

掌握永磁同步电机的一般构造。

掌握北汽新能源 EV160/200 纯电动汽车永磁同步电机的构造。

掌握电机传感器的工作原理。

掌握永磁同步电机的工作原理。

熟悉永磁同步电机的特点及其在电动汽车上的应用。

2. 技能目标

能正确对永磁同步电机进行检测。

能正确对永磁同步电机进行拆卸与安装。

任务引入

一辆北汽新能源 EV200 纯电动汽车的永磁同步电机出现故障之后，该如何进行检修呢？

知识准备

一、永磁驱动电机的分类

永磁电机的分类方法很多，根据输入电机接线端波形的不同可分为永磁直流电机和永磁交流电机。

由于永磁交流电机没有电刷、换向器或集电环，因此也称为永磁无刷电机。根据输入电机接线端的交流波形，永磁无刷电机可分为永磁同步电机（Permanent Magent Synchronous Motor，PMSW）和永磁无刷直流电机（Brushless DC Motor，BLDCM）。输入永磁同步电机的是交流正弦波或近似正弦波，采用连续转子位置反馈信号来控制换向；而永磁无刷直流电机输入的是交流方波，采用离散转子位置反馈信号控制换向。由于方波磁场与方波电流之间相互作用而产生的转矩比正弦波大，所以，永磁无刷直流电机的功率密度大，但是由功率器件的换向电流引起的转矩脉动也大，而正弦波产生的转矩基本是恒转矩或平稳转矩，这与绕线转子同步电机相同。

现有的永磁电机可分为永磁直流电机、永磁同步电机、永磁无刷直流电机和永

微课
永磁同步电机
的结构

磁混合式电机四类。其中，后三类没有传统直流电机的电刷和换向器，故统称为永磁无刷电机。在电动汽车中，永磁同步电机应用广泛。

二、永磁同步电机的一般构造

1. 组成

永磁同步电机主要由轴承、端盖、定子绕组、电机引线、永久磁铁、绕组、转轴、机座、定子铁心、转子铁心、永磁体、信号检测器、检测器引线等组成。定子与传统同步电机一样，转子采用径向永久磁铁做成的磁极，转子上粘有钕铁硼（NdFeB）磁钢。转子与旋转磁场同步旋转，旋转磁场的转速取决于电源频率。与多相交流同步电机和感应电机类似，永磁同步电机产生理想的恒转矩或称平稳转矩。

2. 转子

转子主要由永磁体、转子铁心和转轴等构成，其中永磁体主要采用铁氧体永磁和钕铁硼永磁材料；转子铁心可根据磁极材料结构的不同，选用实心钢，或采用钢板或硅钢片冲制后叠压而成。

与普通电机相比，永磁同步电机还必须装有转子永磁体位置检测器，用来检测磁极位置，并以此对电枢电流进行控制，达到对永磁同步电机控制的目的。

永磁同步电机是用永磁体取代绕线式同步电机转子中的励磁绕组，从而省去了励磁线圈、集电环和电刷。永磁电机转子分为凸装式、嵌入式和内埋式 3 种基本结构，前两种形式又称为外装结构。

凸装式转子永磁体的分类如图 5-1-1 所示，图 5-1-1a 所示为圆套筒型整体磁钢，每极磁钢的宽度与极距相等，可提供接近梯形的磁场分布，在小直径转子的电机中，可以采用这种径向异极的永磁环，但在大容量电机中，必须利用若干个分离的永磁体。如果永磁体厚度一致，宽度又小于一个极距，则整个磁场分布接近为梯形。

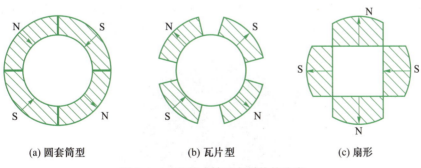

(a) 圆套筒型　　　　　(b) 瓦片型　　　　　(c) 扇形

图 5-1-1　凸装式转子永磁体的分类

在图 5-1-2 中，不将永磁体凸装在转子表面上，而是嵌于转子表面下，永磁体的宽度小于一个极距，这种结构称为嵌入式。对于凸装式和嵌入式转子，一般是用环氧树脂将永磁体直接粘在转轴上，这两种结构可使转子直径小，惯量小，电感也较小，有利于改善电机的动态性能。

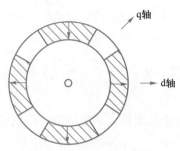

图 5-1-2　嵌入式永磁转子

内埋式永磁转子的结构如图 5-1-3 所示，它是将永磁体埋装在转子铁心内部，每个永磁体都被铁心包着，称为内埋式永磁同步机。这种结构机械强度高，磁路气隙小，与外装式转子相比，更适用于弱磁。

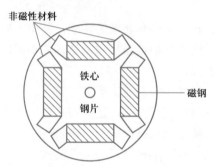

图 5-1-3　内埋式永磁转子

3. 定子

定子与普通电机基本相同，由电枢铁心和电枢绕组构成，如图 5-1-4 所示。电枢铁心一般采用 0.5 mm 硅钢冲片叠压而成，对于具有高效率指标或频率较高的电机，为了减少铁耗，可以考虑使用 0.35 mm 的低损耗冷压无取向硅钢片。电枢绕组则普遍采用分布、短距绕组；对于极数较多的电机，普遍采用分数槽绕组；需要进一步改善电动势波形时，也可以考虑采用正弦绕组或其他绕组。

图 5-1-4　永磁同步电机的定子结构

三、北汽新能源 EV160/200 纯电动汽车交流永磁同步电机的构造

北汽新能源 EV160/200 纯电动汽车永磁同步电机的构造如图 5-1-5 所示。

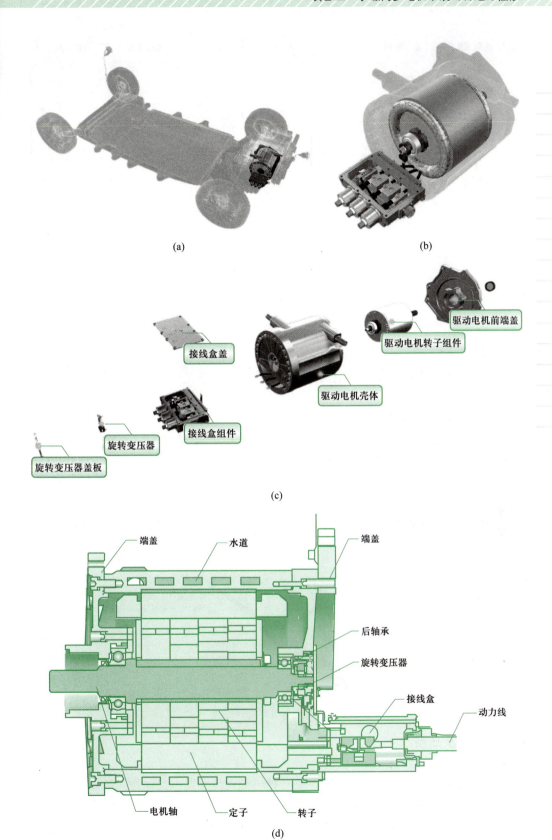

(a)

(b)

接线盒盖

驱动电机前端盖

驱动电机转子组件

驱动电机壳体

接线盒组件

旋转变压器

旋转变压器盖板

(c)

端盖　　水道　　端盖

后轴承

旋转变压器

接线盒

动力线

电机轴　　定子　　转子

(d)

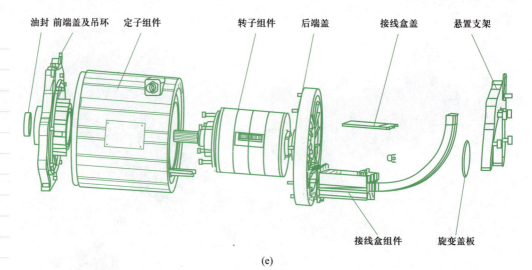

油封　前端盖及吊环　定子组件　转子组件　后端盖　接线盒盖　悬置支架

接线盒组件　旋变盖板

(e)

图 5-1-5　北汽新能源 EV160/200 纯电动汽车永磁同步电机的构造

四、电机传感器

北汽新能源系列轿车驱动电机上安装的传感器主要是电机温度传感器和测量电机转速的旋转变压器。

1. 电机温度传感器

电机温度传感器的作用是检测电机定子绕组的温度，并提供散热风扇起动的信号。某车型温度传感器为 PT1000 热敏电阻，温度在 0℃时，阻值为 100 Ω，温度每增加 1℃，阻值增加 3.8Ω，散热风扇起动温度值为 45℃ ≤ 电机温度 ≤50℃，冷却风扇低速运动；电机温度大于等于 50℃时，冷却风扇高速起动；电机温度降至 40℃时，冷却风扇停止工作。图 5-1-6 所示为电机温度传感器。

图 5-1-6　电机温度传感器

2. 旋转变压器

1）旋转变压器的作用

旋转变压器安装在驱动电机上，是一种电磁式传感器，又称为同步分解器，用来测量旋转物体的转轴角位移和角速度。在电动汽车上，使用旋转变压器作为测量驱动电机的转速元件，并将转速信号传递给电机控制器。

2）旋转变压器的结构

电动汽车上用的旋转变压器主要由线圈和信号齿圈两部分组成。旋转变压器线圈固定在壳体上，信号齿圈固定在转子上，如图 5-1-7 所示。旋转变压器线圈由励磁、正弦和余弦三组线圈组成。

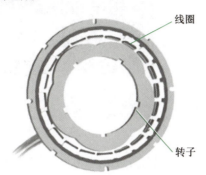

图 5-1-7　旋转变压器的结构

旋转变压器定子和转子的实际形状如图 5-1-8 所示。

图 5-1-8　旋转变压器定子和转子的实际形状

3）旋转变压器的工作原理

当励磁绕组以一定频率的交流电压励磁时，输出绕组的电压幅值与转子转角成正弦、余弦函数关系，或保持某一比例关系，或在一定转角范围内与转角呈线性关系，如图 5-1-9 所示。

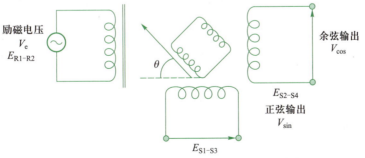

图 5-1-9　旋转变压器的工作原理

微课

旋转变压器的
工作原理

3. 北汽新能源 EV160/200 纯电动汽车驱动电机低压插接件及接口定义

北汽新能源 EV160/200 纯电动汽车驱动电机低压插接件如图 5-1-10 所示。

图 5-1-10　驱动电机低压插接件

北汽新能源 EV160/200 纯电动汽车驱动电机低压接口定义如图 5-1-11 和表 5-1-1 所示。

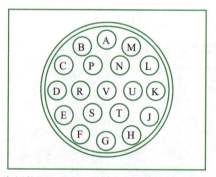

图 5-1-11　北汽新能源 EV160/200 纯电动汽车驱动电机低压接口编号

表 5-1-1　北汽新能源 EV160/200 纯电动汽车驱动电机低压接口定义（19 针）

编号	定义	说明
A	激励绕组 R1	电机旋转变压器接口
B	激励绕组 R2	
C	余弦绕组 S1	
D	余弦绕组 S3	
E	正弦绕组 S2	
F	正弦绕组 S4	
G	TH0	电机温度接口
H	TL0	
L	HVIL1（+L1）	高低压互锁接口

微课
永磁同步电机
的工作原理

五、永磁同步电机的工作原理

永磁同步电机的定子是三相对称绕组，三相正弦波电压在定子三相绕组中产生对称三相正弦波电流，并在气隙中产生旋转磁场，如图 5-1-12 所示。旋转磁极与已充磁的磁极作用，带动转子与旋转磁场同步旋转，并力图使定子、转子磁场轴线对齐。当外加负载转矩以后，转子磁场轴线将落后定子磁场轴线一个功率角，负载越大，功率角也越大，直到一个极限角度，电机停止。由此可见，同步电机在运行中，转速必须与频率严格成比例旋转，否则会失步停转。所以它的转速与旋转磁场同步，取静态误差为零。在负载扰动下，只是功率角变化，而不允许转速变化，它的响应时间是实时的。

当转子主动旋转时候，转子磁场就会切割定子的磁场产生感应电流，此时状态为发电机。

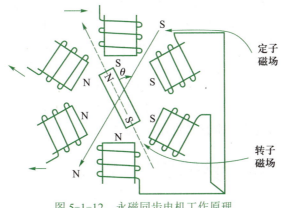

图 5-1-12　永磁同步电机工作原理

六、永磁同步电机的特点

1. 永磁同步电机的优点

（1）用永磁体取代绕线式同步电机转子中的励磁绕组，从而省去了励磁线圈、集电环和电刷，以电子换相实现无刷运行，结构简单、运行可靠。

（2）永磁同步电机的转速与电源频率间始终保持准确的同步关系，控制电源频率就能控制电机的转速。

（3）永磁同步电机具有较硬的机械特性，对于因负载的变化而引起的电机转矩的扰动具有较强的承受能力，瞬间最大转矩可以达到额定转矩的 3 倍以上，适合在负载转矩变化较大的工况下运行。

（4）永磁同步电机的转子为永久磁铁，无须励磁，因此电机可以在很低的转速下保持同步运行，调速范围宽。

（5）永磁同步电机与异步电机相比，不需要无功励磁电流，因而功率因数高，定子电流和定子铜耗小，效率高。

（6）体积小、质量轻。近些年来随着高性能永磁材料的不断应用，永磁同步电机的功率密度得到很大提高，比起同容量的异步电机，体积和质量都有较大的减少，使其适合应用在许多特殊场合。

（7）结构多样化，应用范围广。永磁同步电机由于转子结构的多样化，产生了特点和性能各异的许多品种，从工业到农业，从民用到国防，从日常生活到航空航天，从简单电动工具到高科技产品，几乎无所不在。

2. 永磁同步电机的缺点

（1）由于永磁同步电机转子为永磁体，无法调节，必须通过加定子直轴去磁电流分量来削弱磁场，这会增大定子的电流，增加电机的铜耗。

（2）永磁同步电机的磁钢价格较高。

七、永磁同步电机在电动汽车上的应用

与传统的电励磁电机相比，永磁同步电机特别是稀土永磁同步电机具有结构简单、运行可靠、体积小、质量小、损耗少、效率高、电机的形状和尺寸可以灵活多变等显著优点，在电动汽车电驱动系统中具有很高的应用价值，是目前主流电动汽车上运用最多的一种驱动电机，如北汽新能源系列纯电动汽车、比亚迪系列新能源汽车、丰田系列混合动力汽车、本田 INSIGHT 和日产 LTMA。在欧洲各国也大多采用永磁同步电机，如大众奥迪 A8 Hybrid 宝马 Active Hybrid 7。

我国永磁材料资源储备丰富，永磁同步电机制造成本也将进一步降低，相对于其他种类的电机，其优势必将更加显著。

知识拓展

1. 制动能量回收

制动能量回收就是把电机的无用的、不需要的或有害的惯性转动产生的动能转化为电能，并回馈蓄电池，同时产生制动力矩，使电机快速停止无用的惯性转动，这个总过程也称为再生制动。

2. 电动汽车电机制动能量回收原理

电动汽车正常行驶时，电机是一个能将电能转化为机械能的装置。而这个转化过程常见的是通过电磁场的能量变化来传递能量和转化能量的，从更直观的力学角度来讲，主要体现为磁场大小的变化。电机接通电源，产生电流，构建了磁场。交变的电流产生了交变的磁场，当绕组们在物理空间上呈一定角度布置时，将产生圆形旋转磁场。运动是相对的，等于该磁场被其空间作用范围内的导体进行了切割，于是导体两端建立了感应电动势，通过导体本身和连接部件，构成了回路，产生了电流，形成了一个载流导体，该载流导体在旋转磁场中将受到力的作用，这个力最终成为电机输出扭矩中的力。当电动汽车减速或制动时，即切除电源时，电机惯性转动，此时通过电路切换，往转子中提供相比而言功率较小的励磁电源，产生磁场，该磁场通过转子的物理旋转，切割定子的绕组，于是定子感应出电动势，也称逆电动势，此时电机反转，功能与发电机相同，是一个将机械能转化为电能的装置，所产生的电流通过功率变换器接入蓄电池，即为能量回馈，至此制动能量回收过程完成。与此同时，转子受力减速，形成制动力，完成再生制动功能。

3. 电动汽车的再生制动能量回收系统

再生制动系统的结构与原理如图 5-1-13 所示，由驱动轮、主减速器、变速器、电机、AC/DC 转换器、DC/DC 转换器、能量储存系统及控制器组成。

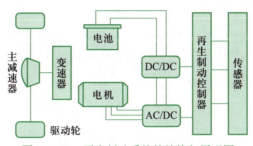

图 5-1-13　再生制动系统的结构与原理图

汽车在制动或滑行过程中，根据驾驶人的制动意图，由制动控制器计算得到汽车需要的总制动力，再根据一定的制动力分配控制策略得到电机应该提供的电机再生制动力，电机控制器计算需要的电机电枢中的制动电流，通过一定的控制方法使电机跟踪需要的制动电流，从而较准确地提供再生制动力矩。在电机的电枢中产生的电流经 AC/DC 整流，再经 DC/DC 控制器反充到储能装置中保存起来。

在城市循环工况下，汽车的平均车速较低，负荷率起伏变化大，需要频繁地起动和制动。相关研究显示，汽车制动过程中以热能方式消耗到空气中的能量约占驱动总能量的 50% 左右，如果可以将该部分损失的能量加以回收利用，汽车的续驶里程将会得到很大提高。有关资料显示，具有再生制动能量回收系统的电动汽车，一次充电续驶里程至少可以增加 10% ～ 30%。

 任务实施

一、电机的检测

驱动电机的测试项目和技术要求可以参照表 3-1-3。

二、永磁同步电机的拆卸

1. 永磁同步电机拆卸注意事项

拆卸电机之前应首先拔开电机与控制器的引线，此时一定要记录电机引线颜色与控制器引线颜色的一一对应关系。打开电机端盖之前应清洁作业场地，以防止杂物被吸在电机内的磁钢上。做好端盖与永磁同步相对位置的标记。注意：一定要对角松动螺钉，以免电机外壳变形。电机转子与定子的径向间隙为气隙（空气间隙），一般电机的气隙为 0.25 ～ 0.8 mm，当拆卸完电机，排除了电机故障之后，一定要对原来的端盖记号进行装配，防止二次装配后的扫膛现象。

2. 永磁同步电机拆卸工具

永磁同步电机拆卸工具主要有转子吊装专用工具、工作台、撬具、记号笔、橡

微课
永磁同步电机
的拆卸

胶榔头、常用拆装工具、抹布、手套等。

3. 永磁同步电机拆卸步骤

（1）在工作台上安装夹具，将电机固定在合适位置，或者多人配合，将电机固定，如图 5-1-14 所示。

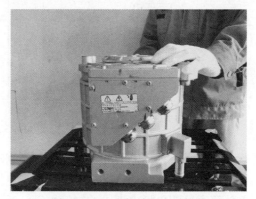

图 5-1-14　电机放到合适位置

（2）用记号笔做好旋转变压器端盖与电机端盖之间的相对标记（见图 5-1-15），按顺序拆卸旋转变压器端盖固定螺栓（见图 5-1-16）。

图 5-1-15　做好旋转变压器端盖与电机端盖之间的相对标记

图 5-1-16　拆卸旋转变压器端盖固定螺栓

（3）用撬具取下旋转变压器端盖，如图 5-1-17 所示。

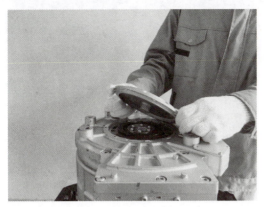

图 5-1-17　取下旋转变压器端盖

（4）按顺序拆下旋转变压器传感器部件 1（旋转变压器定子）固定螺栓如图 5-1-18 所示，将旋转变压器定子掀到旁边，如图 5-1-19 所示，注意线束不要折断。

图 5-1-18　拆下旋转变压器定子固定螺栓

图 5-1-19　将旋转变压器定子掀开

（5）拆卸旋转变压器部件 2（转子总成）固定螺栓，如图 5-1-20 所示。注意螺栓拆卸顺序。

图 5-1-20　拆卸旋转变压器转子总成固定螺栓

（6）用撬具轻轻撬动旋转变压器，取出旋转变压器转子总成，如图 5-1-21 所示。

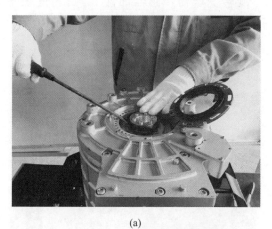

(a)

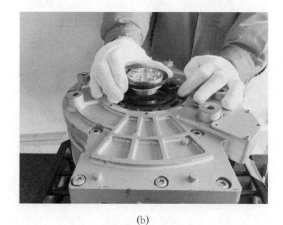

(b)

图 5-1-21　拆卸旋转变压器转子总成

（7）拆卸内部转盘固定螺栓，如图 5-1-22 所示注意螺栓拆卸顺序。

图 5-1-22　拆卸内部转盘固定螺栓

（8）拆卸接线盒盖，如图 5-1-23 注意螺栓拆卸顺序。

图 5-1-23　拆卸接线盒盖

（9）按顺序拆下电机端盖固定螺栓，用橡胶锤敲击端盖，使其和电机壳体分离，将端盖掀到旁边，如图 5-1-24 所示，注意不要折断线束。

图 5-1-24　拆卸端盖

（10）安装转子吊装专用工具到转子上，将螺栓拧至同一水平面，使螺栓受力均匀，如图 5-1-25 所示。

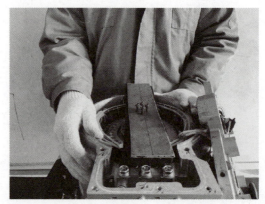

图 5-1-25　安装转子吊装专用工具

（11）将转子吊出，如图 5-1-26 所示。

图 5-1-26　将转子吊出

（12）拆解完成，如图 5-1-27 所示。

图 5-1-27　拆解完成图

微课
永磁同步电机
的安装

三、永磁同步电机的安装

1. 永磁同步电机安装注意事项

安装电机的时候，首先应清理电机部件表面的杂质，以免影响电机的正常运转，并且一定要将永磁同步体固定结实，以免安装时由于受磁钢的强力吸引，造成部件相互撞击、损坏。

2. 永磁同步电机的安装步骤

（1）用专用工具将转子吊装入定子，如图 5-1-28 所示。用橡胶锤子轻轻敲击四周，使转子到达一定位置。

图 5-1-28　将转子吊装入定子

（2）按顺序拆下螺栓并拆下专用工具，如图 5-1-29 所示。

图 5-1-29　拆下专用工具

（3）用锤子轻轻敲击转子轴，使转子入位，如图 5-1-30 所示。

图 5-1-30　轻轻敲击转子轴

（4）安装端盖，如图 5-1-31 所示。

图 5-1-31　安装端盖

（5）装入并拧紧内部转盘螺栓，如图 5-1-32 所示。注意螺栓安装顺序，端盖螺纹孔需与内部转盘螺纹孔对准。

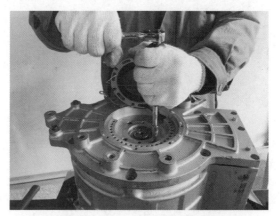

图 5-1-32　拧紧内部转盘螺栓

（6）安装接线盒盖，如图 5-1-33 所示。注意螺栓安装顺序。

（7）装入旋转变压器，如图 5-1-34 所示。注意螺栓安装顺序。

图 5-1-33　安装接线盒盖　　　　　图 5-1-34　装入旋转变压器

（8）装入位置传感器，注意螺栓安装顺序，如图 5-1-35 所示。

（9）拧紧电机端盖螺栓，如图 5-1-36 所示。注意螺栓安装顺序。

图 5-1-35　装入位置传感器

图 5-1-36　拧紧电机端盖螺栓

（10）安装旋转变压器端盖，如图 5-1-37 所示。注意螺栓安装顺序和相对标记。

（11）安装完成，如图 5-1-38 所示。

图 5-1-37　安装旋转变压器端盖

图 5-1-38　安装完成的永磁异同步电机

技能拓展

1. 吉利帝豪永磁同步电机规格

吉利帝豪永磁同步电机规格见表 5-1-2。

表 5-1-2　吉利帝豪永磁同步电机规格

项目	参数
额定功率 /kW	42
峰值功率 /kW	95
额定转矩 /N·m	105
峰值转矩 /N·m	204
额定转速 /(r/min)	4 000

续表

项目	参数
峰值转速 /(r/min)	11 000
电机旋转方向	从轴端看电机逆时针旋转
温度传感器类型	NTC
温度传感器型号	SEMITEC 103NT-4（11-CO41-4）

2. 吉利帝豪永磁同步电机的分解

吉利帝豪永磁同步电机的分解见图 5-1-39。

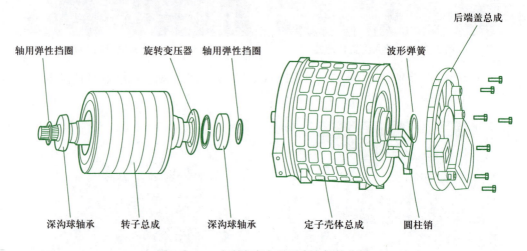

图 5-1-39　吉利帝豪永磁同步电机的分解

思考与练习

一、填空题

1. 永磁电机的分类方法很多，根据输入电机接线端波形的不同可分为_____电机和_____电机。

2. 永磁同步电机主要由轴承、端盖、_____、电机引线、_____、绕组、转轴、机座、定子铁心、转子铁心、永磁体、信号检测器、检测器引线等组成。

3. 永磁同步电机转子主要由_____、_____和转轴等构成。

4. 永磁同步电机是用永磁体取代绕线式同步电机转子中的_____，从而省去了励磁线圈、集电环和_____。

5. 电机温度传感器的作用是检测电机定子绕组的_____，并提供_____起动的信号。

6. 电动汽车上用的旋转变压器主要有_____和信号_____两个部分组成。旋转变压器线圈固定在壳体上。

二、选择题（不定项）

1. 永磁电机转子分为（　　　）3 种基本结构。

　　A. 集成式　　　　B. 凸装式　　　　C. 嵌入式　　　　D. 内埋式

2. 下列电机中没有传统直流电机的电刷和换向器的是（　　　）。

　　A. 永磁同步电机　　　　　　　　B. 永磁无刷直流电机

　　C. 永磁混合式电机　　　　　　　D. 永磁直流电机

三、判断题（对的打"√"，错的打"×"）

1. 与传统的电励磁电机相比，永磁同步电机特别是稀土永磁同步电机具有结构简单、运行可靠、体积小、质量小、损耗少、效率高、电机的形状和尺寸可以灵活多变等显著优点。　　　　　　　　　　　　　　　　　　　　　　（　　　）

2. 永磁无刷直流电机的功率密度大，但是由功率器件的换向电流引起的转矩脉动也大，而正弦波产生的转矩基本是恒转矩或平稳转矩，这与绕线转子同步电机相同。　　　　　　　　　　　　　　　　　　　　　　　　　　（　　　）

3. 内埋式永磁转子是将永磁体埋装在转子铁心内部，每个永磁体都被铁心包着，称为内埋式永磁同步机。这种结构机械强度校，磁路气隙大，与外装式转子相比，更适用于弱磁。　　　　　　　　　　　　　　　　　　　（　　　）

4. 目前主流电动汽车上运用最多的是交流异步电机。　　　　　（　　　）

5. 永磁同步电机定子与普通电机基本相同，由电枢铁心和电枢绕组构成。

　　　　　　　　　　　　　　　　　　　　　　　　　　　　（　　　）

6. 由于永磁同步电机转子为永磁体，无法调节，必须通过加定子直轴去磁电流分量来削弱磁场，这会增大定子的电流，增加电机的铜耗。　　　（　　　）

四、简答题

1. 旋转变压器的作用是什么？

2. 简述旋转变压器的工作原理。

3. 永磁同步电机的作为电动机时的工作原理是什么？

评价与反馈

永磁同步电机拆装与检修评价反馈见表 5-1-3。

表 5-1-3　永磁同步电机拆装与检修评价反馈表

基本信息	姓名		学号		班级		组别	
	规定时间		完成时间		考核日期		总评成绩	
任务工单	序号	步骤	评分细则				分值	得分
	1	作业前准备	正确准备好常用拆装工具、抹布、操作台、绝缘测试仪、万用表				5	
	2	外观的检查	检查结果：＿＿＿＿＿＿＿＿				10	
	3	永磁同步电机的检测	检测项目齐全；检测工具使用正确；检测方法正确 绕组的检测结果 电阻值：＿＿＿＿＿＿＿ ＿＿＿＿＿＿＿＿＿＿＿＿ 绝缘值：＿＿＿＿＿＿＿ ＿＿＿＿＿＿＿＿＿＿＿＿ 传感器检测结果：＿＿＿＿ ＿＿＿＿＿＿＿＿＿＿＿＿				40	
	4	永磁同步电机的拆卸	拆卸方法和步骤要正确 工具的使用要熟练				10	
	5	永磁同步电机部件的检查	检查结果：＿＿＿＿＿＿＿				10	
	6	永磁同步电机的安装	安装方法和步骤要正确 工具的使用要熟练				20	
	7	6S	—				5	
合计							100	
说明：每项分都是扣完为止								

任务二 永磁同步电机控制技术分析

 学习目标

1. 知识目标

熟悉永磁同步电机矢量控制技术。

熟悉永磁同步电机直接转矩控制技术。

了解永磁同步电机无传感器控制技术。

掌握北汽新能源 EV160/200 纯电动汽车驱动电机控制系统组成及其功用。

掌握北汽新能源 EV160/200 纯电动汽车驱动电机控制策略。

2. 技能目标

能规范地对电机控制器总成进行拆装。

 任务引入

永磁同步电机可以采用不同的控制方式实现调速，那么有哪些控制技术或方式呢？在掌握电机控制器的组成、功用和控制策略基础之上，才能对电动汽车驱动电机控制系统进行检查和维护，如果电机控制器损坏，该如何对电机控制器进行拆装呢？

 知识准备

一、永磁同步电机控制技术概述

交流永磁电机根据转子永磁体产生的气隙磁场不同，可以分为永磁同步电机和无刷直流电机两类，前者气隙磁场为正弦波，后者气隙磁场为梯形波。气隙磁场的差别决定了两类电机需要采用不同的控制方式实现调速。

永磁同步电机的工作原理与交流感应电机相似，逆变器把电源输出的直流电压变换为可变的三相正弦波电压，对永磁同步电机提供电能，应用于交流感应电机的控制技术同样适用于永磁同步电机。

永磁同步电机的转矩可以分为两个部分：一是永磁体产生的磁链与定子电流转矩分量作用后产生的永磁转矩，二是转子的磁凸极效应使定子电流励磁分量与转矩分量产生的磁阻转矩。这两部分转矩都与定子电流转矩分量成正比，也就是说，可以通过控制定子电流转矩分量的大小控制电机的转矩，这一电流与直流电机的电枢电流相对应，因此永磁同步电机的转矩控制可以转化为定子电流转矩分量的控制。

另外，定子电流励磁分量会影响电机定子磁链的大小，可以通过定子励磁分量实现弱磁升速的效果，这一点与直流电机的励磁电动机类似。所以，永磁同步电机与直流电机有很大的相似性。

二、永磁同步电机矢量控制技术

磁场定向矢量控制技术的核心是，在转子磁场旋转坐标系中针对定子电流的励磁电流分量和转矩电流分量分别进行控制，并且采用经典的 PI 调节器，系统呈现出良好的线性特性。可以按照经典的线性控制理论进行控制系统设计，逆变器的控制采用较成熟的 SPWM、SVPWM 等技术。磁场定向矢量控制技术相对成熟，动态、稳态性能较好，所以得到了广泛的实际应用。永磁同步电机矢量控制调速系统如图 5-2-1 所示。

图 5-2-1 中的位置传感器检测出转子位置后，一方面提供给矢量控制旋转坐标变换使用，另一方面进行微分计算得到电机的角速度 ω，电机的实际角速度与角速度指令 ω_{ref} 经过速度调节器 ASR 计算后得到系统的转矩指令值 T_e^*。图 5-2-1 中的查表单元根据车用永磁同步电动机电流控制策略确定 d、q 轴定子电流的指令值 i_{dref}、i_{qref}。对电机三相定子电流进行检测后通过 2s-2s、2s-2r 变换后可以得到 d、q 轴定子电流的实际值。随后通过两个电流调节器 ACR 分别针对两个电流分量实施闭环控制，ACR 的输出为 d、q 坐标轴的定子电压指令值。经过空旋转坐标变换后得到静止坐标系的定子电压指令值 $u_{\alpha ref}$、$u_{\beta ref}$，该电压值经过空间矢量脉宽调制技术（SVPWM）后可以得到三相逆变器 6 个开关器件的开关信号，从而对永磁同步电机实施高性能矢量控制。

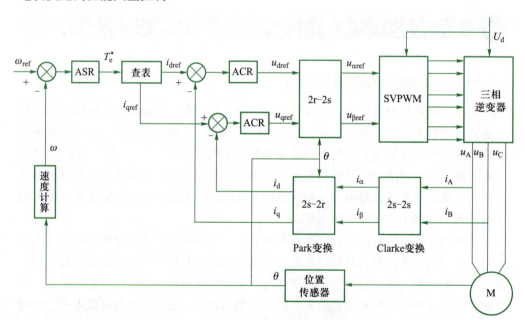

图 5-2-1　永磁同步电机矢量控制调速系统

三、永磁同步电机直接转矩控制

直接转矩控制技术首先在交流感应电机控制系统中应用，后来逐渐推广到弱磁区域以及同步电机的控制中。永磁同步电机直接转矩控制系统如图 5-2-2 所示，从系统结构上看，它与感应电机的直接转矩控制系统比较相似，其控制原理是基于电压型逆变器输出的电压矢量对同步电机定子磁场和电机转矩的控制作用上。

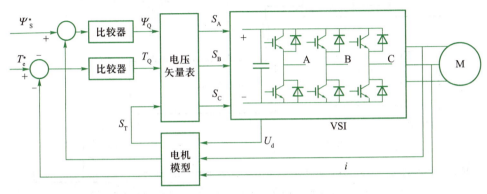

图 5-2-2　永磁同步电机直接转矩控制系统

四、永磁同步电机无传感器控制技术

永磁同步电机可以采用他控式和自控式变频调速，鉴于新能源汽车对于转矩控制性能与传动系统稳定性的要求都很高，一般都采用自控式变频调速。永磁同步电机的自控式调速系统需要使用高性能的转子位置传感器为控制系统提供转子位置信号。

目前，无位置传感器技术已经比较成熟并得以实际应用。采用该技术可以省去传统的位置传感器，减小电机的体积和成本。对于采用位置传感器的电机控制系统，采用无传感器控制技术不仅可以对位置传感器提供的信号进行校验，检测位置传感器是否正常工作，并且可以在位置传感器故障时提供准确的电机转子位置信号，从而提高电机控制系统的可靠性。

五、北汽新能源 EV160/200 纯电动汽车驱动电机控制系统组成及其功用

北汽新能源 EV160/200 纯电动汽车驱动电机控制系统由动力总成（驱动电机 DM）、高压配电设备、电机控制器（MCU）、高低压线束和相关传感器等组成，如图 5-2-3 所示。整车控制器（VCU）根据驾驶人意图发出各种指令，电机控制器响应并反馈，实时调整驱动电机输出，以实现整车的怠速、前行、倒车、停车、能量回收以及驻坡等功能。电机控制器另一个重要功能是通信和保护，实时进行状态和故障检测，保护驱动电机系统和整车安全可靠运行。电机控制器主要功能如下：① 怠速控制（爬行）；② 控制电机正转（前进）；③ 控制电机反转（倒车）；

④ 能量回收（交流转换直流）；⑤ 驻坡（防溜车）。电机控制器另一个重要功能是通信和保护，实时进行状态和故障检测，保护驱动电机系统和故障反馈。

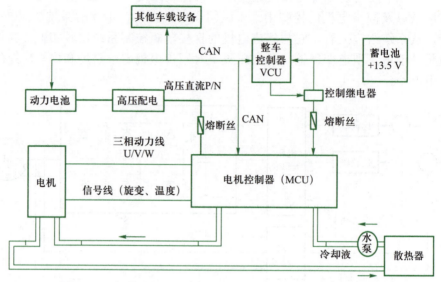

图 5-2-3　北汽新能源 EV160/200 纯电动汽车驱动电机控制系统

图 5-2-4 所示为驱动电机控制器，它是电机系统的控制中心，又称智能功率模块，以 IGBT（绝缘栅双极型晶体管）模块为核心，辅以驱动集成电路、主控集成电路，对所有的输入信号进行处理，并将驱动电机控制系统运行状态的信息通过网络发送给整车控制器。驱动电机控制器内含故障诊断电路。当诊断出异常时，它将会激活一个错误代码，发送给整车控制器，同时也会存储该故障码和数据。使用以下传感器来提供驱动电机系统的工作信息，电流传感器用以检测电机工作的实际电流（包括母线电流、三相交流电流）；电压传感器用以检测供给电机控制器工作的实际电压（包括动力电池电压、12V 蓄电池电压）；温度传感器用以检测电机控制系统的工作温度（包括 IGBT 模块温度、电机控制器板载温度）。

图 5-2-4　驱动电机控制器

电机控制器的主要参数由技术指标和技术参数组成。技术指标包括输入电压、工作电压范围、控制电源（通常为 9 ~ 12 V）、标称容量、防护等级、尺寸等。电机控制器主要由接口电路、控制主板、IGBT 模块（驱动）、超级电容、放电电阻、电流感应器、壳体水道等组成。

1. 控制主板

与整车控制器通信，监测直流母线电流，控制 IGBT 模块工作状态，监控高压线束的绝缘和工作连接情况并反馈。IGBT 模块的温度信号、旋变传感器信号经过处理反馈给电机控制单元。

2. 超级电容和放电电阻

超级电容是一种以电场形式储存能量的无源器件。在有需要电机起动时，电容能够把储存的能量释出至电路。接通高压电路时给电容充电，在电机起动时保持电压的稳定。断开高压电路时，通过电阻给电容放电，放电电阻通常和电容器并联，电源波动时，电容器会随之充放电。当控制器带动的电机或其他感性负载在停机的时候，可采用能耗制动的方式来实现的，就是把停止后电机的动能和线圈里面的磁能都通过一个其他耗能元件消耗掉，从而实现快速停车。当供电停止后，控制器的逆变电路就反向导通，把这些剩余电能反馈到变频器的直流母线上来，母线上的电压会因此而升高，当升高到一定值的时候，电阻就投入运行，使这部分电能通过电阻发热的方式消耗掉，同时维持母线上的电压保持一个正常值。放电电路故障，有可能会导致高压断电。超级电容和放电电阻如图 5-2-5 所示，其等效电路如图 5-2-6 所示。

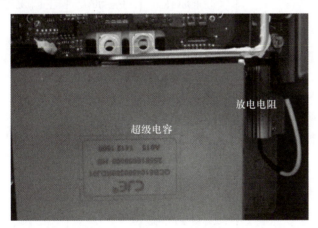

图 5-2-5 超级电容与放电电阻

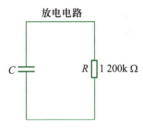

图 5-2-6 等效电路

3. IGBT 模块

IGBT 模块是电机控制器电压变换与传输的核心器件。

另外，旋变传感器也是控制系统的组成部分，安装在电机上，用以检测电机转子位置，控制器编码后可以获知电机转速。

驱动电机系统工作必须满足以下条件：

（1）高压电源输入正常（一般绝缘性能大于 20 MΩ）。

（2）低压 12 V 电源供电正常（电压范围 9 ~ 16 V）。

（3）与整车控制器通信正常。

（4）电容放电正常。

（5）旋变传感器信号正常。

（6）三相交流输出电路正常，电机及电机控制器温度正常，开盖保持开关信号正常。

六、北汽新能源 EV160/200 纯电动汽车驱动电机控制策略

北汽新能源 EV160/200 纯电动汽车驱动电机控制电源的策略，MCU 在整车动力系统通电和断电的过程中执行元件的动作指令、需要实现的控制逻辑功能、允许及禁止的诊断等。

1. 驱动电机系统上电流程

驱动电机系统上电流程如图 5-2-7 所示。

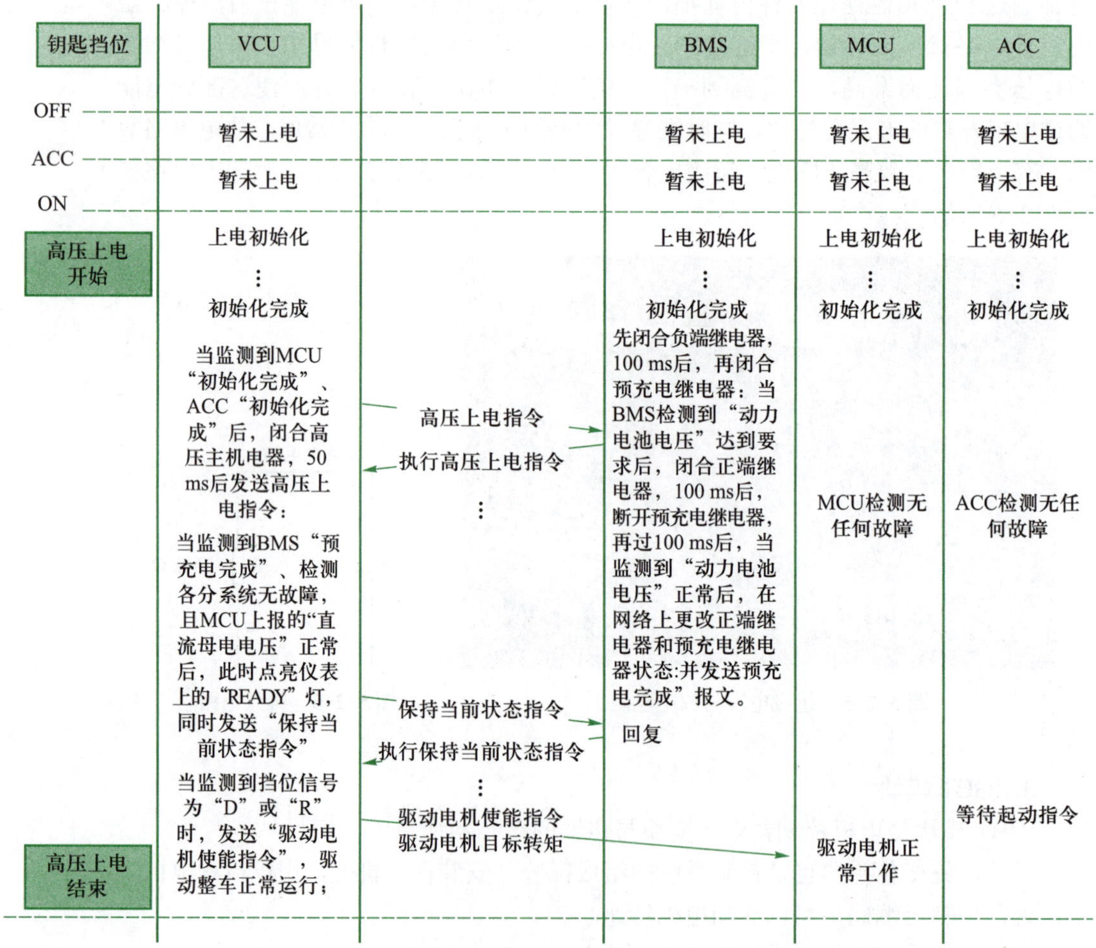

钥匙挡位	VCU		BMS	MCU	ACC
OFF					
ACC	暂未上电		暂未上电	暂未上电	暂未上电
ON	暂未上电		暂未上电	暂未上电	暂未上电
高压上电开始	上电初始化 ⋮ 初始化完成		上电初始化 ⋮ 初始化完成	上电初始化 ⋮ 初始化完成	上电初始化 ⋮ 初始化完成
	当监测到MCU"初始化完成"、ACC"初始化完成"后，闭合高压主机电器，50ms后发送高压上电指令； 当监测到BMS"预充电完成"、检测各分系统无故障，且MCU上报的"直流母电电压"正常后，此时点亮仪表上的"READY"灯，同时发送"保持当前状态指令" 当监测到挡位信号为"D"或"R"时，发送"驱动电机使能指令"，驱动整车正常运行；	高压上电指令 → / ← 执行高压上电指令 ⋮ / 保持当前状态指令 → / ← 执行保持当前状态指令 ⋮ / 驱动电机使能指令 驱动电机目标转矩 →	先闭合负端继电器，100 ms后，再闭合预充电继电器；当BMS检测到"动力电池电压"达到要求后，闭合正端继电器，100 ms后，断开预充电继电器，再过100 ms后，当监测到"动力电池电压"正常后，在网络上更改正端继电器和预充电继电器状态;并发送预充电完成"报文。 回复	MCU检测无任何故障	ACC检测无任何故障
					等待起动指令
高压上电结束				驱动电机正常工作	

图 5-2-7　上电流程

2. 驱动电机系统下电流程

驱动电机系统下电流程如图 5-2-8 所示。

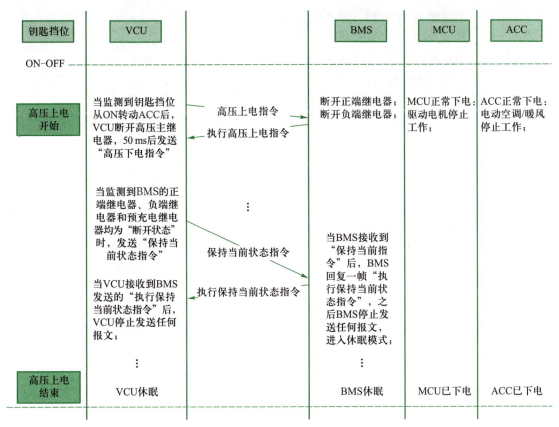

图 5-2-8 下电流程

3. 驱动电机系统驱动模式

整车控制器根据车辆运行的不同情况（包括车速、挡位、电池 SOC 值）来决定，电机输出转矩 / 功率。当电机控制器从整车控制器得到转矩输出命令时，将动力电池提供的直流电，转化成三相正弦交流电，驱动电机输出转矩，通过机械传输来驱动车辆。

（1）电机系统驱动模式。整车控制器根据车辆运行的不同情况（包括车速、挡位、电池 SOC 值）来决定，电机输出转矩或功率。当电机控制器从整车控制器得到转矩输出命令时，将动力电池提供的直流电能，转化成交流电能，以使电机输出转矩。此时电机输出转矩驱动车辆。

（2）电机系统发电模式。当车辆在溜车或制动的时候，电机控制器从整车控制器得到发电命令后，电机控制器将电机处于发电状态。此时电机会将汽车动能转化成交流电能，然后交流电能通过电机控制器转化为直流电，存储到电池中。

4. 电机控制系统温度保护控制策略

1）电机温度保护

当控制器监测到驱动电机温度传感器显示 120℃≤温度＜ 140℃时，降功率运行；当温度≥140℃时，功率降至0，即停机。

2）控制器温度保护

当控制器监测到散热基板温度≥85℃时，超温保护，即停机。

当控制器监测到散热基板75℃≥温度≤85℃时，降功运行。

3）冷却系统温度保护

当控制器监测到驱动电机温度传感器显示45℃≤温度<50℃时，冷却风扇低速起动；当温度≥50℃时，冷却风扇高速起动；当温度降至40℃时，冷却风扇停止工作。当控制器监测到散热基板温度≥75℃时，冷却风扇低速起动。当温度≥80℃时，冷却风扇高速起动；当温度降至75℃时，冷却风扇停止工作。

5. 整车控制方案

整车控制方案采用分层控制方式，整车控制器作为第一层，其他各控制器为第二层，各控制器之间通过CAN网络进行信息交互，共同实现整车的功能控制。例如，电机故障－电机系统通过CAN报送故障信息。整车转矩控制，即工况判断—需求转矩—转矩限制—转矩输出四部分。

1）工况判断

反映驾驶人的驾驶意图。通过整车状态信息（如加速/制动踏板位置、当前车速和整车是否有故障信息等）来判断当前需要的整车驾驶需求（如起步、加速、减速、匀速行驶、跛行、限车速、紧急断高压），如图5-2-9所示。

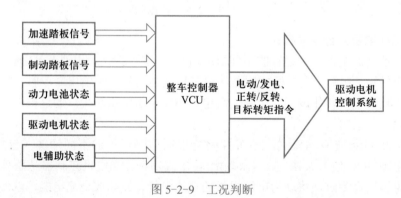

图 5-2-9　工况判断

2）工况划分

工况划分为紧急故障工况、怠速工况、加速工况、能量回收工况、零转矩工况、跛行工况，各工况间互斥且唯一。

3）转矩需求

驾驶人驾驶意图的转换。根据判断得出整车工况、动力电池系统和电机驱动系统状态，计算出当前车辆需要的转矩。

（1）紧急故障工况：零转矩后切断高压。

（2）怠速工况：目标车速7 km/h。

（3）加速工况：加速踏板的跟随。

（4）能量回收工况：发电。

（5）零转矩工况：零转矩。

（6）跛行工况：限功率、限车速。

4）转矩限制与输出

驾驶人驾驶意图的实现。根据整车当前的参数和状态及前一段时间的参数及状态，计算出当前车辆的转矩能力，根据当前车辆需要的转矩，最终计算出合理的最终需要实现的转矩。

5）限制因素

（1）动力电池的允许充放电功率：温度、SOC。

（2）驱动电机的驱动转矩 / 制动转矩：温度。

（3）电辅助系统工作情况：放电、发电。

（4）最大车速限制：前进挡和倒车挡。

6）外围相连驱动模块的控制

外围相连驱动模块的控制包括对高压主负继电器、空调系统高压继电器、水泵、DC/DC、冷却风扇、电子转向助力系统的控制。

任务实施

一、驱动电机控制器的检查与维护

1. 工量具准备

安全防护设备、北汽新能源 EV160/200 整车、车内外三件套、抹布、扭力扳手、绝缘测试仪、绝缘拆装工具。

注意：操作之前要设置隔离，放置警示标识，穿戴好防护用品。将电源开关至于 OFF 挡，钥匙放安全处，断开蓄电池负极，负极电缆、蓄电池桩头用绝缘胶布包好。拆下维修开关放好。静置车辆 5 ～ 10 分钟。举升车辆，断开动力电池低压线束和高压线束。验电，如果有电需放电，确保高压母线无电才可进行下一步操作。

微课
驱动电机控制器的检查与维护

2. 驱动电机控制器的检查与清洁

（1）检查驱动电机控制器表面是否脏污，如图 5-2-10 所示。如果脏污可以使用压缩空气或干的抹布进行清洁。

（2）目测驱动电机控制器外观有无磕碰、变形或损坏。

（3）检查驱动电机控制器冷却水管，接头处有无裂纹、渗漏，如图 5-2-11 所示。

图 5-2-10　清洁驱动电机控制器表面　　　　图 5-2-11　检查驱动电机控制器冷却水管

3. 驱动电机控制器插接件的检查

（1）检查驱动电机控制器高压插接件是否连接到位，是否有退针现象，或存在触点烧蚀的情况，如图 5-2-12 所示。

低压接口

高压接口
（接正负母线）

高压接口
（和驱动电机相连）

冷却液出口

冷却液入口

(a) EV160/200电机控制器接口

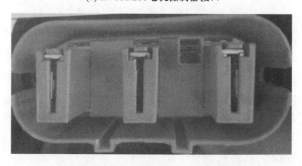

(b) EV160/200电机控制器高压接口（通向驱动电机）

图 5-2-12　检查驱动电机控制器高压插接件

（2）检查驱动电机控制器低压插接件是否连接到位，是否有退针现象或触点烧蚀的情况，如图 5-2-13 所示。

北汽新能源 EV160/200 纯电动汽车驱动电机控制器低压插接件的端子定义如图 5-2-14 和表 5-2-1 所示。

图 5-2-13　检查驱动电机控制器低压插接件

图 5-2-14　北汽新能源 EV160/200 纯电动汽车驱动电机控制器低压插接件端子编号

4. 驱动电机控制器高压电缆绝缘性的检查

用绝缘测试仪黑表笔搭铁，红表笔逐个测量电机控制器上的高压端子和高压线缆端子的绝缘阻值，按下测试按钮，显示的数值为绝缘阻值，如图 5-2-15 所示。驱动电机控制器的搭铁绝缘值大于 100 MΩ。

表 5-2-1　EV160/200 驱动电机控制器低压插接件端子定义

编号	定义	说明	编号	定义	说明
12	激励绕组 R1		26	HVIL2（+L2）	高低压互锁接口
11	激励绕组 R2		32	CAN_H	
35	余弦绕组 S1		31	CAN_L	
34	余弦绕组 S3	高低压互锁接口	30	CAN_PB	CAN 总线接口
23	正弦绕组 S2		29	CAN_SHIELD	
22	正弦绕组 S4		10	TH	
33	屏蔽层		9	TL	电机温度传感器接口
24	12V_GND	控制电源接口	28	屏蔽层	
24	12V_GND		8	485+	
15	HVIL1（+L1）	高低压互锁接口	7	485-	RS-485 总线接口

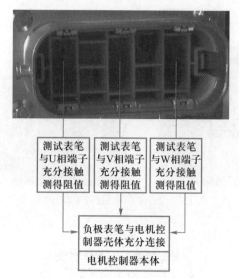

测试表笔与U相端子充分接触测得阻值

测试表笔与V相端子充分接触测得阻值

测试表笔与W相端子充分接触测得阻值

负极表笔与电机控制器壳体充分连接

电机控制器本体

图 5-2-15　测量搭铁绝缘值

微课

电机控制器的拆装

二、北汽新能源 EVI60 纯电动汽车电机控制器的拆装

1. 电机控制器拆卸步骤

1）操作前安全防护措施

（1）设置安全隔离，并放置安全警示牌。

（2）设置监护人。

（3）检查并穿戴个人安全防护用品。

（4）检查并调校设备仪器。

（5）检查绝缘用工具。

（6）实施车辆防护。

（7）检测绝缘垫对地绝缘性能。

（8）检测确认车辆停放安全，确认驻车制动拉起，确认车辆处于 N 挡状态。

2）高压断电方法

（1）关闭起动开关，把钥匙装在口袋内。

（2）断开 12 V 蓄电池负极，并做好负极线的相关保护措施。

（3）断开 PDU 低压控制电路 35 针插件，如图 5-2-16 所示。

（4）断开电机控制器低压电路 35 针插件。

（5）拆卸电机控制器高压直流电缆，用放电盒（放电工装）对高压负载端进行放电。

（6）拆卸电机控制器 UVW 三相交流高压供电电缆。

3）电机控制器拆卸方法

（1）用专用夹子（见图 5-2-17）夹住电机两个冷却液管。

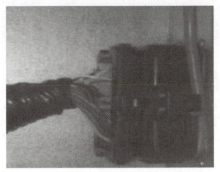

图 5-2-16　PDU 低压控制电路 35 针插件　　　　图 5-2-17　冷却液管专用夹子

（2）用举升机将车升起，用 M10 螺栓拆卸用具拆卸电动汽车底盘护板。

（3）在控制器冷却液管下部放置接冷却液用的盆，并将车落下。

（4）将冷却液管从电机控制器上拆下，将冷却液流入车底盆中。

（5）卸下电机控制器与车架相连的三个螺栓后，将电机控制器拆下，并将电机控制器的冷却液倒入盆中。

2. 电机控制器安装步骤

（1）安装电机控制器，将与车架相连的三个螺栓紧固好。

（2）将冷却液管安装上，并将两个夹子取下。

（3）将与电机相连的 UVW 接插件和与 PDU 相连的直流高压接插件连接好。

（4）将电机控制器低压电路 35 针插件复位。

（5）将 PDU 低压电路 35 针插件复位。

（6）往冷却液壶中补充冷却液至原位。

（7）将 12 V 低压电复原，上电，查看仪表应显示 READY。

（8）进行 5S 整理。

思考与练习

一、填空题

1. 交流永磁电机气隙磁场为_____波，后者气隙磁场为_____波。气隙磁场的差别决定了两类电机需要采用不同的控制方式实现调速。

2. 永磁同步电机的工作原理与交流感应电机相似，逆变器把电源输出的_____电变换为可变的_____电压，对永磁同步电机提供电。

3. 永磁同步电机的转矩可以分为两个部分：一是永磁体产生的磁链与定子电流转矩分量作用后产生的_____转矩，二是转子的磁凸极效应使定子电流励磁分量与转矩分量产生的_____转矩。

4. 直接转矩控制技术首先在_____电机控制系统中应用，后来逐渐推广到弱磁区域以及_____电机的控制中。

5. 永磁同步电机可以采用_____式和_____式变频调速。

二、简答题

1. 北汽新能源 EV160/200 纯电动汽车电机控制器主要功能是什么？

2. 北汽新能源 EV160/200 纯电动汽车电机控制器中的电流传感器和电压传感器的作用分别是什么？

 评价与反馈

驱动电机控制器的维护与拆装评价反馈见表 5-2-2。

表 5-2-2　驱动电机控制器维护与拆装评价反馈表

基本信息	姓名		学号		班级		组别	
	规定时间		完成时间		考核日期		总评成绩	
任务评价	序号	步骤		评分细则			分值	得分
	1	作业前准备		正确准备好工量具设备，做好准备工作；安装车内、车外三件套			10	
	2	驱动电机控制器的检查与清洁		是否检查 清洁方法是否正确 检查结果：_____			10	
	3	检查驱动电机控制器插接件		检查结果：_____			10	
	4	检查驱动电机控制器高压电缆绝缘性		检查结果：_____			20	
	5	电机控制器的拆卸		拆卸步骤是否合适			20	
	6	电机控制器的安装		安装步骤是否合适			20	
	7	6S		点火开关是否关闭、蓄电池负极是否断开、工具使用是否正确			10	
	合计						100	
说明：每项分都是扣完为止								

项目六 ▶▶▶

···

其他电机的构造与检修

▶ **项目概述**

　　轮毂电机技术又称为车轮内装式电机技术，是一种将电机、传动系统和制动系统融为一体的轮毂装置技术，是现阶段先进电动汽车技术研究的热点之一。

　　开关磁阻电机驱动系统是高性能机电一体化系统。磁阻电机的研究最早可以追溯到 19 世纪 40 年代，英国研究者将其用于机车牵引系统，直到 20 世纪 60 年代，由于电力电子器件技术、计算机技术和自动控制理论的发展，开关磁阻电机的设计开发才得以全面展开，其优点才被广泛了解。

任务一 轮毂电机的构造与检修

学习目标

1. 知识目标

了解多电机独立驱动类型。

熟悉轮毂电机驱动方式。

熟悉轮毂电机应用类型。

熟悉轮毂电机驱动系统的特点。

掌握轮毂电机的结构。

2. 技能目标

会进行轮毂电机的拆装与检修。

任务引入

轮毂电机具有独特优势和特征，那么它的结构是怎样的呢？如何对其进行检修呢？

知识准备

一、多电机独立驱动

独立驱动是指每个车轮的驱动转矩均可单独控制各轮的运动状态，相互独立，之间没有硬性的机械连接装置的一种新型驱动方式。现有的独立车轮驱动系统根据结构的不同可以分为三种，即电机与减速器组合式驱动系统、轮边电机驱动系统和轮毂电机驱动系统。

电机与减速器组合式驱动系统是采用多台电机通过固定速比减速器和半轴分别驱动各个车轮的驱动系统，如图 6-1-1 所示。由于可将电机和减速器安装在车架上，经过半轴驱动车轮，这种结构形式可沿用现有车辆的车身结构和行驶、制动、转向系统，改型容易，便于推广。

(a)

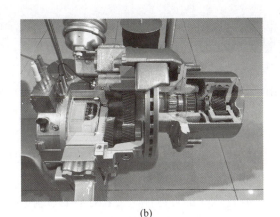

(b)

图 6-1-1　电机与减速器组合式驱动系统

　　轮边电机驱动系统可将驱动电机固定在副车架上，其输出轴直接或间接驱动车轮。由于轮边电机与车轮的相对独立性，其功率选择范围比轮毂电机更大，而且可以通过改变悬架结构使部分非簧载质量转移至车身，从而减少车轮的惯性，使车辆加速、制动时更加平顺，提高在不平路面上的稳定性。另外，非簧载质量的降低可以有效减小轮胎的磨损。轮边电机较集成度高的轮毂电机安装调试更方便。

　　轮毂电机驱动系统是一种将驱动电机装在车轮里面的新型驱动系统。轮毂驱动式的电动汽车的应用越来越广泛，各大汽车厂商都投入大量资金进行研发，如丰田的 FINE-N 和 PM、日本庆应大学研制的 ELIICA 和 SIM-LEI，以及通用公司研制的雪佛兰 S-10 等。在国内，由同济大学汽车学院与上海燃料电池汽车动力系统有限公司先后研制的"春晖一号""春晖二号""春晖三号"电动汽车就是采用低速永磁无刷轮毂电机驱动。三菱公司的纯电动汽车 Lancer Evolut MIEV 采用轮毂四轮驱动方式，福特公司开发了 eWheelDrive 轮毂电机驱动技术。在未来电动汽车的开发中，轮毂电机驱动技术将具有广阔的发展前景。

二、轮毂电机驱动方式

　　轮毂电机驱动系统通常由电机、减速机构、制动器与散热系统等组成。轮毂电机驱动系统根据电机的转子形式，主要分为内转子型和外转子型两种结构形式。轮毂电机的驱动方式可以分为直接驱动和减速驱动两种基本形式。

　　外转子型采用低速外转子电机，电机的最高转速为 1 000 ～ 1 500 r/min，无任何减速装置，电机的外转子与车轮的轮辋固定或者集成在一起，车轮的转速与电机相同。内转子型则采用高速内转子电机，同时装备固定传动比的减速器。为了获得较高的功率密度，电机的转速通常高达 10 000 r/min。减速结构通常采用传动比为 10 ∶ 1 左右的行星齿轮减速装置，车轮的转速为 1 000 r/min 左右。

　　直接驱动方式如图 6-1-2 所示，采用低速外转子电机，轮毂电机与车轮组成一个完整部件总成，电机布置在车轮内部，直接驱动车轮带动汽车行驶。其主要优点是电机体积小、质量轻、成本低、系统传动效率高、结构紧凑，既有利于整车结构布置和车身设计，也便于改型设计。这种驱动方式直接将外转子安装在车轮的轮辋上驱动车轮转动。由于电动汽车在起步时需要较大的转矩，所以安装在直接驱动型电动轮中的电机必须能在低速时提供大转矩；承载大转矩时需要大电流，易损坏电池和永磁体；电机效率峰值区域很小，负载电流超过一定值后效率急剧下降。为了使汽车能够有较好的动力性，电机还必须具有很宽的转矩和转速调节范围。由于电机工作产生一定的冲击和振动，要求车轮轮辋和车轮支撑必须坚固、可靠。同时，由于非簧载质量大，要保证汽车的舒适性，要求对悬架系统进行优化设计。此方式适用于平路或负载小的场合。

减速驱动方式如图 6-1-3 所示，采用高速内转子电动机，适合现代高性能电动汽车的运行要求。这种电动轮采用高速内转子电机，其目的是为了获得较高的功率。减速机构布置在电机和车轮之间，起减速和增矩的作用，保证电动汽车在低速时能够获得足够大的转矩。电机输出轴通过减速机构与车轮驱动轴连接，使电机轴承不直接承受车轮与路面的载荷作用，改善了轴承的工作条件；采用固定速比行星齿轮减速器，使系统具有较大的调速范围和输出转矩，消除了车轮尺寸对电机输出转矩和功率的影响。但轮毂电机内齿轮的工作噪声比较大，且润滑方面存在很多问题；其非簧载质量也比直接驱动式电动轮驱动系统的大，对电机及系统内部的结构方案设计要求更高。

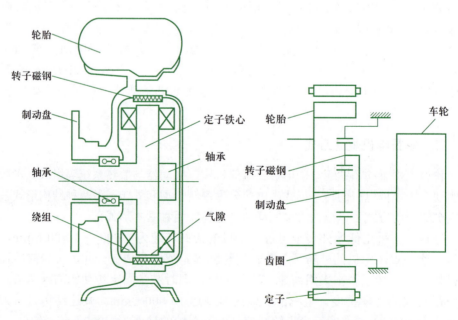

图 6-1-2　轮毂电机直接驱动方式　　　　图 6-1-3　轮毂电机减速驱动方式

高速内转子轮毂电机的优点是具有较高的比功率，质量轻、体积小、效率高、噪声低、成本低；缺点是必须采用减速装置，使效率降低，非簧载质量增大，电机的最高转速受线圈损耗、摩擦损耗以及变速机构的承受能力等因素的限制。低速外转子电机的优点是结构简单、轴向尺寸小、比功率高，能在很宽的速度范围内控制转矩，且响应速度快，外转子直接和车轮相连，没有减速机构，因此效率高；缺点是如要获得较大的转矩，必须增大发动机体积和质量，因而成本高，加速时效率低、噪声高。这两种结构在目前的电动车中都有应用，但是随着紧凑的行星齿轮变速机构的出现，高速内转子式驱动系统在功率密度方面比低速外转子式更具竞争力。

轮毂电机系统中的制动器可以根据结构采用鼓式或者盘式制动器。由于电动机电制动容量的存在，往往可以使制动器的设计容量适当减小。大多数的轮毂电机系统采用风冷方式进行冷却，也可采用水冷和油冷的方式对电机、制动器等的发热部件进行散热降温，但结构比较复杂。

三、轮毂电机应用类型

轮毂电机系统的驱动电机按照电机磁场的类型分为轴向磁通和径向磁通两种类型。轴向磁通电机的结构更利于热量散发，并且它的定子可以不需要铁心；径向磁通电机定子、转子之间受力比较均衡，磁路由硅钢片叠压得到，技术更简单成熟。

轮毂电机的电机类型主要分为永磁、感应、开关磁阻式三种。

（1）无刷永磁同步电机可采用圆柱形径向磁场结构或盘式轴向磁场结构，具有较高的功率密度和效率，以及宽广的调速范围，已在国内外多种电动汽车中获得应用，发展前景十分乐观。

（2）感应（异步）电机的优点是结构简单、坚固耐用、成本低廉、运行可靠，转矩脉动小，噪声低，不需要位置传感器，转速极限高；缺点是驱动电路复杂、成本高，相对永磁电机而言，异步电机效率和功率密度偏低。

（3）开关磁阻式电机具有结构简单、制造成本低廉、转速－转矩特性好等优点，适用于电动汽车驱动；缺点是设计和控制非常困难和精细，运行噪声大。

四、轮毂电机的结构

图6-1-4为某外转子轮毂电机的外观，图6-1-5是轮毂电机爆炸图，爆炸图中的各部件名称、外观如表6-1-1所示。

图6-1-4　某轮毂电机外观

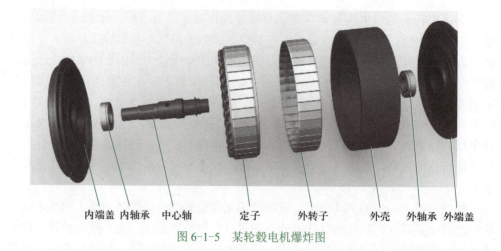

内端盖　内轴承　中心轴　　　定子　　　外转子　　　外壳　外轴承　外端盖

图 6-1-5　某轮毂电机爆炸图

表 6-1-1　轮毂电机各部件名称、外观

序号	名称	外观
1	内端盖	
2	内轴承	
3	中心轴	
4	定子	

续表

序号	名称	外观
5	外转子	
6	外壳	
7	外轴承	
8	外端盖	

五、轮毂电机实例

1.型号与外观

以某公司273电动汽车电机系列的某瓦片省电增强版电机为例，该轮毂电机为外转子式永磁无刷直流电机，其型号如图6-1-6所示。

该款电机为瓦片式，额定电压为72 V，额定功率为8 000 W。外观形状如图6-1-7所示。

微课
轮毂电机的
结构

图 6-1-6   全顺公司轮毂电机型号

图 6-1-7   全顺公司某轮毂电机外观

2. 结构组成

某公司 273 电动汽车瓦片省电增强版电机，将动力、传动和制动装置都集成到轮毂内，电动汽车的机械部分大大简化。轮毂电机由定子、车轮轴承、线圈和转子等组成，其结构组成如图 6-1-8 所示。

1）定子（静止部分）

（1）定子铁心。

作用：电机磁路的一部分，并在其上放置定子绕组。

构造：定子铁心一般由 0.35 ～ 0.5 mm 厚表面具有绝缘层的硅钢片冲制、叠压而成，在铁心的内圆冲有均匀分布的槽，用以嵌放定子绕组，结构如图 6-1-9 所示。

图 6-1-8 全顺某轮毂电机结构

图 6-1-9 定子铁心实物图

（2）定子绕组。

作用：电机的电路部分，依次通入三相交流电，产生旋转磁场。

构造：由三个在空间互隔 120°、对称排列的结构完全相同绕组连接而成，这些绕组的各个线圈按一定规律分别嵌放在定子各槽内，在绕组里配置两组霍尔元器件，构造如图 6-1-10 所示。

图 6-1-10 定子绕组实物图

　　永磁无刷电机在每种状态下，仅有两相绕组通电，依次改变一种状态，定子绕组产生的磁场轴线在空间转动 60° 电角度，转子跟随定子磁场转动相当于60° 电角度空间位置，转子在新位置上，使位置传感器 U、V、W 按约定产生一组新编码，新的编码又改变了功率管的导通组合，使定子绕组产生的磁场轴再前进 60° 电角度，如此循环，无刷直流电机将产生连续转矩，拖动负载作连续旋转。

　　定子绕组的主要绝缘项目有以下三种，保证绕组的各导电部分与铁心间的可靠绝缘以及绕组本身间的可靠绝缘。

　　① 对地绝缘：定子绕组整体与定子铁心间的绝缘。

　　② 相间绝缘：各相定子绕组间的绝缘。

　　③ 匝间绝缘：每相定子绕组各线匝间的绝缘。

　　2）转子（旋转部分）

　　作用：转子跟随定子磁场转动，产生连续转矩，拖动负载作连续旋转。

　　构造：转子采用圆柱形径向磁场永磁材料结构，其结构如图 6-1-11 所示。 永磁材料又称"硬磁材料"，一经磁化即能保持恒定磁性的材料。

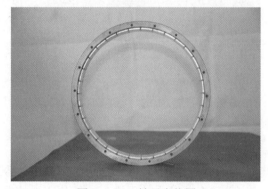

图 6-1-11　转子实物图

　　3）机体

　　作用：固定定子铁心与前后端盖以支撑转子，并起到防护、散热等作用。

　　构造：机体为铸铁件，结构如图 6-1-12 所示。

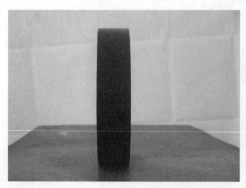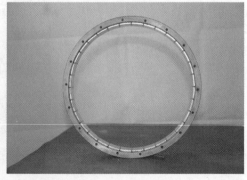

图 6-1-12　机体实物图

3. 轮毂电机工作原理

外转子无刷直流电机（轮毂电机）的工作原理是：电子换相器（开关电路）根据位置传感器信号，控制定子绕组通电顺序和时间，产生旋转磁场，驱动转子旋转。无刷直流电机模型如图 6-1-13 所示。

微课
轮毂电机的
工作原理

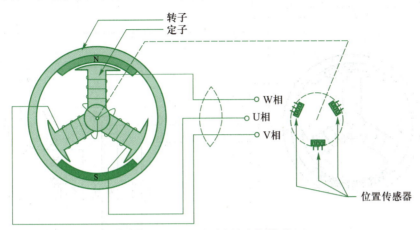

图 6-1-13　无刷直流电机模型

无刷直流电机有以下的特点：

（1）无刷直流电机的外特性好，能够在低速下输出大转矩，使得它可以提供大的起动转矩。

（2）无刷直流电机的速度范围宽，任何速度下都可以全功率运行。

（3）无刷直流电机的效率高、过载能力强，使得它在拖动系统中有出色的表现。

（4）无刷直流电机的再生制动效果好，由于它的转子是永磁材料，制动时电机可以进入发电机状态。

（5）无刷直流电机的体积小，功率密度高。

（6）无刷直流电机无机械换向器，采用全封闭式结构，可以防止尘土进入电机内部，可靠性高。

（7）无刷直流电机比异步电机的驱动控制简单。

无刷直流电机的定子是线圈绕组电枢，转子是永磁体。如果只给电机通以固定的直流电流，则电机只能产生不变的磁场，电机不能转动起来，只有实时检测电机转子的位置，再根据转子的位置给电机的不同相通以对应的电流，使定子产生方向均匀变化的旋转磁场，电机才可以跟着磁场转动起来。

图 6-1-14 所示为无刷直流电机的转动原理示意图，为了方便描述，电机定子的线圈中心抽头接电机电源，各相的端点接功率管，位置传感器导通时使功率管的 G 极接 12 V，功率管导通，对应的相线圈被通电。由于三个位置传感器随着转子的转动会依次导通，使得对应的相线圈也依次通电，从而定子产生的磁场方向也不断地变化，电机转子也跟着转动起来，这就是无刷直流电机的基本

转动原理——检测转子的位置，依次给各相通电，使定子产生的磁场方向连续均匀地变化。

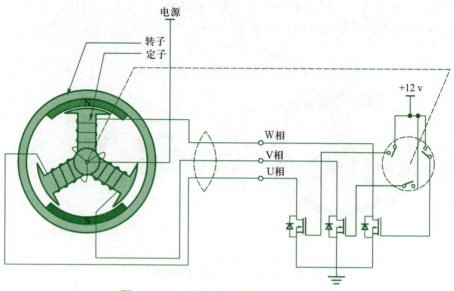

图 6-1-14   无刷直流电机转动原理示意图

1）旋转磁场的产生

假定电机定子为三相 6 极，星形连接，转子为一对极。旋转磁场产生原理如图 6-1-15 所示。

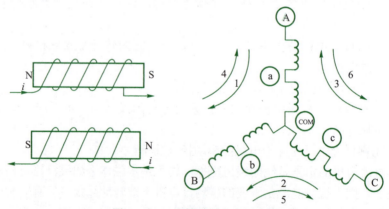

图 6-1-15   旋转磁场产生原理图

电流方向不同时，产生的磁场方向不同。

若绕组的绕线方向一致，当电流从 A 相绕组流进，从 B 相绕组流出时，电流在两个绕组中产生的磁动势方向是不同的。

三相绕组通电遵循如下规则：

每步三个绕组中一个绕组流入电流，一个绕组流出电流，一个绕组不导通。

通电顺序如下：

①A+B- ，②C+B- ，③C+A- ，④B+A- ，⑤B+C- ，⑥A+C- ，如图6-1-16所示。

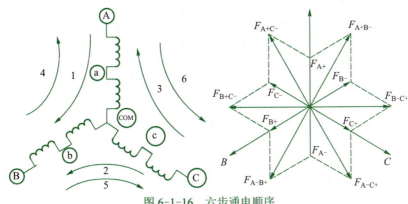

图6-1-16　六步通电顺序

每步磁场旋转60°，每6步旋转磁场旋转一周；每步仅一个绕组被换相。

随着磁场的旋转，吸引转子磁极随之旋转。

磁场顺时针旋转，电机顺时针旋转：1→2→3→4→5→6；

磁场逆时针旋转，电机逆时针旋转：6→5→4→3→2→1。

2）实现换相

必须换相才能实现磁场的旋转，如果根据转子磁极的位置换相，并在换相时满足定子磁势和转子磁势相互垂直的条件，就能取得最大转矩。要想根据转子磁极的位置换相，换相时就必须知道转子的位置，但并不需要连续的位置信息，只要知道换相点的位置即可。在BLDC中，一般采用3个开关型霍尔传感器测量转子的位置。由其输出的3位二进制编码去控制逆变器中6个功率管的导通实现换相，霍尔传感器电路如图6-1-17所示。

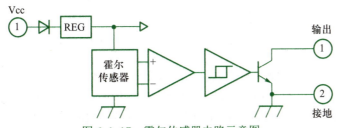

图6-1-17　霍尔传感器电路示意图

霍尔元件＋信号处理电路＝霍尔传感器。

利用霍尔效应，当施加的磁场达到"动作点"时，OC门输出低电压，称这种状态为"开"；当施加磁场达到"释放点"时，OC门输出高电压，称其为"关"。基于这个原理，可制成接近开关。

直流无刷电机中一般安装3个霍尔传感器，间隔120°或60°按圆周分布。如果间隔120°，则3个霍尔传感器的输出波形相差120°电角度；输出信号中高、低电平各占 180°电角度。如果规定输出信号高电平为"1"，低电平为"0"，则输出的三个信号可用 3 位二进制编码表示。

3）实现力矩的控制

按照电机统一规律，必须保证 $\theta_s-\theta_r$ 为 90°，才能取得最大转矩。因旋转磁场是 60°增量，看来无法实现这个关系。但通过适当的安排可实现平均 90°的关系。如果每一步都使离转子磁极 120°的定子磁势所对应的绕组导通，并且当转子转过 60°后换相，如此重复每一步，则可使定子磁势与转子磁势相差 60°～120°，平均 90°，力矩控制示意如图 6-1-18 所示。

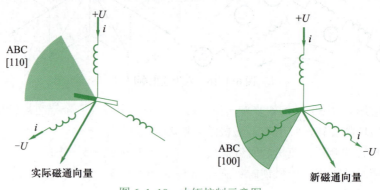

图 6-1-18   力矩控制示意图

每一个定子绕组回路与 DC 电机电枢回路是类似的，直流电枢回路如图 6-1-19 所示。但其电压和电流都是在每半个电周期中仅导通 120°。电机制作时保证其绕组内反电势为梯形波，但平顶部分与电压和电流同时出现，其极性也与电压和电流一致。从功率平衡的角度考虑：

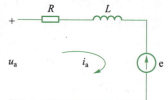

图 6-1-19   直流电枢回路图

$$T_\omega=E_aI_a+E_bI_b+E_cI_c$$

又因为 $E=K_e\omega$，且在所有的时间都有两相绕组流过相同电流，则

$$T=2K_eI_a$$

可见，力矩与定子绕组电流成正比，改变电流即改变力矩。

换相转矩脉动。每次换向时，由于绕组电感的作用，电流不能突变，电流的过渡过程产生力矩波动。如图 6-1-20 所示，由于转矩存在波动，限制了它在高精度的速度、位置控制系统中的应用。

4）实现速度的控制

改变定子绕组电压的幅值即能改变电机速度。

在 BLDC 电机中，力矩正比于电流，速度正比于电压，反电势正比于电机转速，因此其控制特性与机械特性均与直流电机基本相同，BLDC 电机的机械特性曲线如图 6-1-21 所示。

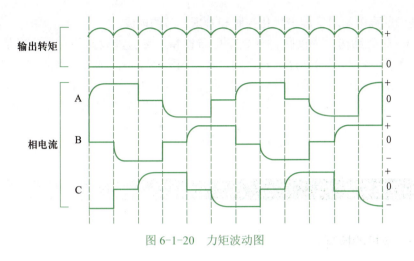

图 6-1-20　力矩波动图

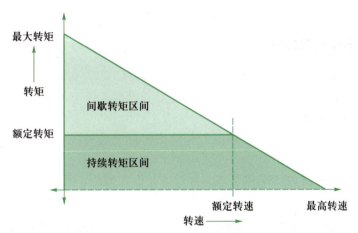

图 6-1-21　BLDC 电机的机械特性曲线

六、轮毂电机驱动系统的特点

轮毂电机驱动系统作为一种新兴的电机驱动形式，其布置非常灵活，可以根据汽车驱动方式分别布置在电动汽车的两前轮、两后轮或四个车轮的轮毂中。和其他驱动形式的电动汽车相比，轮毂电机驱动式电动汽车在动力源配置、底盘结构等方面有其独特的技术特征和优势，具体体现在以下几个方面。

（1）动力控制由硬连接改为软连接。通过电子线控技术，实现各电动轮从零到最大速度的无级变速和各电动轮间的差速要求，从而省略了传统汽车所需的机械式操纵变速装置、离合器、变速器、传动轴和机械差速器等，使驱动系统和整车结构简洁，有效可利用空间大，传动效率提高。

（2）各电动轮的驱动力直接独立可控，使其动力学控制更为灵活、方便；能合理控制各电动轮的驱动力，从而提高恶劣路面条件下的行驶性能。

（3）容易实现各电动轮的电气制动、机电复合制动和制动能量回馈，还能对整车能源的高效利用实施最优化控制和管理，节约能源。

（4）底架结构大为简化，使整车总布置和车身造型设计的自由度增加。若能将底架承载功能与车身功能分离，则可实现相同底盘不同车身造型的产品多样化和系列化，从而缩短新车型的开发周期，降低开发成本。

（5）若在采用轮毂电机驱动系统的四轮电动汽车上导入线控四轮转向技术，实现车辆转向行驶高性能化，可有效减小转向半径，甚至实现零转向半径，大大增加了转向灵便性。

任务实施

一、电机的检测

驱动电机的测试项目和技术要求可以参照表 3-1-3 进行。

二、轮毂电机的分解

1. 准备工具

撬具、常用拆装工具、橡胶锤、记号笔、拉马器、抹布、手套。

2. 轮毂电机拆卸步骤

（1）在内侧端盖（或叫前端盖）和外侧端盖（或叫后端盖）做好相对标记，如图 6-1-22 所示。

（2）按顺序拆解内侧端盖（或叫前端盖）固定螺栓，均匀多次拧松螺栓，如图 6-1-23 所示。

微课
轮毂电机的
拆卸

图 6-1-22　做好相对标记

图 6-1-23　拆解内侧端盖固定螺栓

（3）旋开电缆固定螺母，取出键，如图 6-1-24 所示。

（4）用两个撬具在相对方向反复撬动并取下内侧端盖（或叫前端盖），如图 6-1-25 和图 6-1-26 所示。

图 6-1-24   固定螺母和键

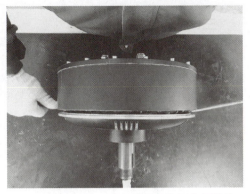

图 6-1-25   反复撬动并取下内侧端盖

（5）拆解外侧端盖（或叫后端盖）固定螺栓，如图 6-1-27 所示。注意螺栓拆卸顺序，要求对角并分多次拧下。

图 6-1-26   取下内侧端盖

图 6-1-27   拆解外侧端盖固定螺栓

（6）用两个撬具在相对方向反复撬动并取下外侧端盖（或叫后端盖）。

（7）将电机平卧，用拉马器缓慢拉出定子，如图 6-1-28 所示。注意转子磁力太强，可能导致与定子重新吸合，压出过程中要求用橡胶锤均匀敲击定子轴。

图 6-1-28   拉出定子

至此，拆解完成。

三、轮毂电机的装配

1. 轮毂电机安装注意事项

安装电机时，首先应清理电机部件表面的杂质，以免影响电机的正常运转，并且一定要将轮毂体固定结实，以免安装时由于受磁钢的强力吸引，造成部件相互撞击、损坏。

2. 轮毂电机安装步骤

（1）双手握住定子轴，迅速向下放，使定子和转子之间互相吸合，如图 6-1-29 所示。

（2）用橡胶锤敲击外侧端盖（或叫后端盖），如图 6-1-30 所示，使其慢慢安装到位并找到相对标记，按顺序分多次拧紧螺栓，如图 6-1-31 所示。

图 6-1-29　使定子和转子之间互相吸合

图 6-1-30　用橡胶锤敲击外侧端盖

（3）用橡胶锤用力敲击内侧端盖（或叫前端盖），使其慢慢安装到位，找到相对标记，按顺序分多次拧紧螺栓，如图 6-1-32 所示。

图 6-1-31　拧紧外侧端盖螺栓

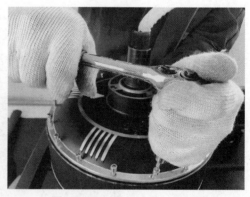
图 6-1-32　拧紧内侧端盖螺栓

（4）装入键并拧紧电缆固定螺母，如图 6-1-33 所示。

图 6-1-33　装入键并拧紧电缆固定螺母

至此，安装完成。

思考与练习

一、填空题

1. 现有的独立车轮驱动系统根据结构的不同可以分为三种，即电机与减速器组合式驱动系统、_____系统和_____系统。

2. 电机与减速器组合式驱动系统是采用多台电机通过固定速比减速器和_____分别驱动_____的驱动系统。

3. 轮毂电机驱动系统通常由_____、_____、制动器与散热系统等组成。

二、判断题（对的打"√"，错的打"×"）

1. 轮毂电机技术又称车轮内装电机技术，输出转矩直接传输到车轮，全部舍弃传统的离合器、减速器、传动桥等机械传动部件。（　　）

2. 轮边电机驱动系统可将驱动电机固定在副车架上，其输出轴直接或间接驱动车轮。（　　）

3. 1991 年日本应庆大学联合东京电力公司开发的 IZA 电动车，运用直接驱动方式，将电机内转子与轮毂连接。（　　）

4. 轮毂电机驱动的车辆可以获得更好的空间利用率，更高的传动效率。（　　）

5. 轮毂电机驱动的车辆可以较容易的实现全时四驱，同时轮毂电可以通过左右车轮的不同转速甚至反转实现车辆的差动转向，大大减小车辆的转弯半径。（　　）

6. 轮毂电机驱动的车辆增大了簧载质量和轮毂的转动惯量，对车辆的操控性有所改善和提高。（　　）

7. 轮毂电机系统的电制动容量较小，不能满足整车制动性能的要求，需要电动真空泵来提供刹车助力。（　　）

8. 轮毂电机工作的环境恶劣，面临水、灰尘等多方面影响，在密封方面也有较高要求，同时在设计上也需要为轮毂电机单独考虑散热问题。（　　）

9. 外转子式轮毂电机采用低速外转子电机，电机的最高转速为 1 000 ～

1 500 r/min，无减速装置，车轮的转速与电机相同。   （   ）

10. 内转子式轮毂电机采用高速内转子电机，配备固定传动比的减速器。（   ）

11. 内转子式行星齿轮减速器轮毂电机在功率密度方面比低速外转子式更具竞争力。   （   ）

12. QSMOTOR WP72V8000W 为某公司 273 电动汽车电机系列的瓦片省电增强版外转子式永磁无刷直流电机。   （   ）

13. QSMOTOR WP72V8000W 转子是线圈绕组电枢，定子是永磁体。 （   ）

14. QSMOTOR WP72V8000W 三个绕组中一个绕组流入电流，一个绕组流出电流，一个绕组不导通。   （   ）

三、选择题（单选题）

1. 轮毂电机是将（   ）装置都整合到轮毂内。

　　A. 动力　　　　　B. 传动　　　　　C. 制动　　　　　D. 以上都是

2. 2011 年日本 SIM-Drive 公司设计的 Eliica 电动汽车应用（   ）个轮毂电机。

　　A. 2　　　　　　B. 4　　　　　　C. 6　　　　　　D. 8

3. 图 6-1-34 所示纯电动汽车的驱动形式为（   ）。

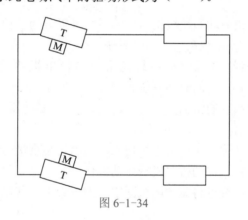

图 6-1-34

　　A. 双电机单速比　　　　　　　B. 四电机单速比
　　C. 双电机直驱　　　　　　　　D. 四电机直驱

4. 图 6-1-35 所示纯电动汽车的驱动形式为（   ）。

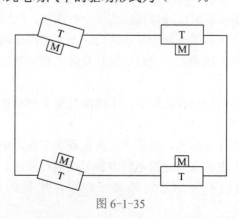

图 6-1-35

A. 双电机单速比　　　　　　　B. 四电机单速比

C. 双电机直驱　　　　　　　　D. 四电机直驱

5. 图 6-1-36 所示纯电动汽车的驱动形式为（　　）。

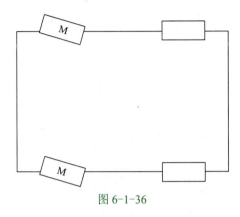

图 6-1-36

A. 双电机单速比　　　　　　　B. 四电机单速比

C. 双电机直驱　　　　　　　　D. 四电机直驱

6. 图 6-1-37 所示纯电动汽车的驱动形式为（　　）。

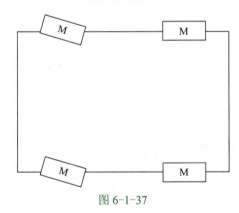

图 6-1-37

A. 双电机单速比　　　　　　　B. 四电机单速比

C. 双电机直驱　　　　　　　　D. 四电机直驱

7. QSMOTOR WP72V8000W 额定电压为（　　）。

A. 18 V　　　　B. 36 V　　　　C. 72 V　　　　D. 144 V

8. QSMOTOR WP72V8000W 额定功率为（　　）。

A. 2 kW　　　　B. 4 kW　　　　C. 6 kW　　　　D. 8 kW

9. QSMOTOR WP72V8000W 定子三个绕组在空间互隔（　　）电角度。

A. 60°　　　　B. 90°　　　　C. 120°　　　　D. 150°

10. QSMOTOR WP72V8000W 定子绕组中有（　　）组霍尔元器件。

A. 1　　　　B. 2　　　　C. 3　　　　D. 4

11. QSMOTOR WP72V8000W 在每种状态下，有（　　）相绕组通电。

A. 1　　　　B. 2　　　　C. 3　　　　D. 4

12. QSMOTOR WP72V8000W 采用(　　)个开关型霍尔传感器测量转子的位置。

A. 1　　　　B. 2　　　　C. 3　　　　D. 4

四、名词解释

独立驱动

评价与反馈

轮毂电机拆装与检修评价反馈见表 6-1-2。

表 6-1-2　轮毂电机拆装与检修评价反馈表

基本信息	姓名		学号		班级		组别	
	规定时间		完成时间		考核日期		总评成绩	
任务评价	序号	步骤		评分细则			分值	得分
	1	作业前准备		正确准备好常用拆装工具、抹布、操作台、绝缘测测试仪、万用表			5	
	2	外观的检查		检查结果：＿＿＿＿＿＿＿＿＿			10	
	3	轮毂电机的检测		检测项目齐全；检测工具使用正确；检测方法正确 绕组的检测结果 电阻值：＿＿＿＿＿＿＿＿＿ 绝缘值：＿＿＿＿＿＿＿＿＿ 传感器检测结果：＿＿＿＿＿ ＿＿＿＿＿＿＿＿＿＿＿＿＿			40	
	4	轮毂电机的拆卸		拆卸方法和步骤要正确 工具的使用要熟练			10	
	5	轮毂电机部件的检查		检查结果：＿＿＿＿＿＿＿＿＿			10	
	6	轮毂电机的安装		安装方法和步骤要正确 工具的使用要熟练			20	
	7	6S		—			5	
合计							100	
说明：每项分都是扣完为止								

任务二 开关磁阻电机的构造与检修

 学习目标

1. 知识目标

了解开关磁阻电机驱动系统的组成。

掌握开关磁阻电机的结构与原理。

了解开关磁阻电机的特点。

2. 技能目标

掌握开关磁阻电机的拆装与检修。

 任务引入

开关磁阻电机应用在新能源汽车上具有很多优点，那么开关磁阻电机的结构与工作原理是怎样的呢？如何对其进行拆装与检修呢？

 知识准备

一、开关磁阻电机驱动系统的组成

开关磁阻电动机驱动系统是高性能机电一体化系统，主要由开关磁阻电机、功率转换器、传感器和控制器四部分组成，如图 6-2-1 所示。其中，开关磁阻电机为系统主要组成部分，用以实现电能向机械能的转换；功率转换器是连接电源和电机的开关器件，用以提供开关磁阻电机所需的电能，功率转换器的结构形式一般与供电电压、电机相数以及主开关器件种类有关；传感器主要用来反馈位置及电流信号，并传送给控制器；控制器是系统的中枢，起决策和指挥作用，主要针对传感器提供的转子位置、速度和电流反馈信息以及外部输入的指令，实时加以分析和处理，进而采取相应的控制决策，控制功率转换器中主开关器件的工作状态，实现对开关磁阻电机运行状态的控制。

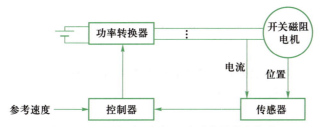

图 6-2-1　开关磁阻电机驱动系统的基本构成

二、开关磁阻电机的结构

开关磁阻电机简称 SRM，其基本组成部件有转子、定子和电子开关，如图 6-2-2 所示。

1. 转子

开关磁阻电机的转子由导磁性能良好的硅钢片叠压而成，转子的凸极上没有绕组。开关磁阻电机转子的作用是构成定子磁场磁通路，并在磁场力的作用下转动，产生电磁转矩。转子的凸极个数为偶数。实际应用的开关磁阻电机的转子凸极最少有 4 个（2 对），最多有 16 个（8 对）。

图 6-2-2　开关磁阻电机的基本组成

2. 定子

开关磁阻电机的定子铁心也是由硅钢片叠压而成的，成对的凸极上绕有两个串联的绕组。定子的作用是定子绕组按顺序通电，产生的电磁力牵引转子转动。定子凸极的个数也是偶数，最少的有 6 个，最多的有 18 个。定子和转子的极数组合见表 6-2-1。

表 6-2-1　开关磁阻电机定子和转子的极数组合

相数	3	4	5	6	7	8	9
定子极数 N_s	6	8	10	12	14	16	18
转子极数 N_r	4	6	8	10	12	14	16
步进角	30°	15°	9°	6°	4.28°	3.21°	2.5°

图 6-2-3 是不同的凸极开关磁阻电机的结构示意图。目前应用较多的是四相 8/6 极结构和三相 6/4 极结构。

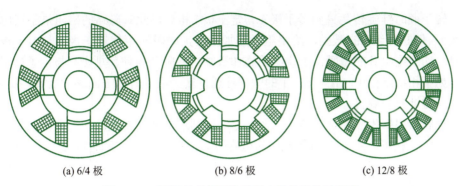

(a) 6/4 极　　　　　　(b) 8/6 极　　　　　　(c) 12/8 极

图 6-2-3　不同的凸极开关磁阻电机的结构示意图

三、开关磁阻电机的工作原理

三相 6/4 极开关磁阻驱动电机原理如图 6-2-4 所示。控制器根据位置传感器检测到的定转子间相对位置信息，结合给定的运行命令（正转或反转），导通相应的定子相绕组的主开关元件，对应相绕组中就有电流流过，并产生磁场。开关磁阻电机的工作原理遵循磁阻最小的原则。由于磁场总是趋于"磁阻最小"，因而电磁转矩使转子转向"极对极"位置。当转子转到被吸引的转子磁极与定子激磁相相重合（平衡位置）时，电磁转矩消失。此时控制器根据新的位置信息，在定转子即将达到平衡位置时，向功率变换器发出命令，关断当前相的主开关元件，而导通下一相，则转子又会向下一个平衡位置转动。当 I 相绕组受到激励时，为减小磁路的磁

微课
开关磁阻电机
的工作原理

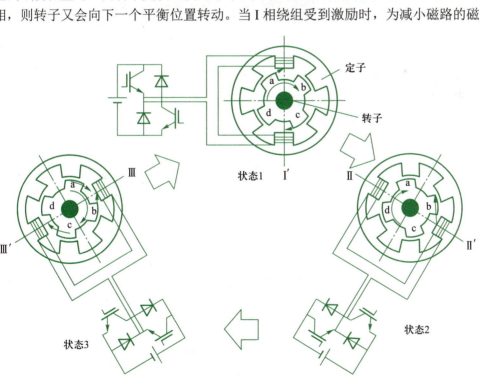

图 6-2-4　三相 6/4 极开关磁阻驱动电机原理

阻，转子顺时针旋转，直到转子极 a 与定子极 I 相对，此时磁路的磁阻最小（电感最大）。切断绕组 I 的激励，给绕组 II 施加激励，磁阻转矩使转子极 b 与定子极 II 相对。切断绕组 II 的激励，给绕组 III 施加激励，磁阻转矩使转子极 c 与定子极 III 相对。如果相绕组按 I - II - III - I 的顺序导通，转子沿顺时针方向连续旋转，反之，则按逆时针方向旋转。

控制器根据相应的位置信息，按一定的控制逻辑连续地导通和关断相应的相绕组主开关，就可产生连续的同转向的电磁转矩，使转子在一定的转速下连续运行；再根据一定的控制策略控制各相绕组的通、断时刻以及绕组电流的大小，就可使系统在最佳状态下运行。

由上面的分析可以看出，电流的方向对转矩没有任何影响，电机的转向与电流方向无关，而仅取决于相绕组的通电顺序。若通电顺序改变，则电机的转向也发生改变。为保证电机能连续地旋转，位置检测器要能及时给出定转子极间相对位置，使控制器能及时和准确地控制定子各相绕组的通断，使 SRM 能产生所要求的转矩和转速，达到预计的性能要求。

图 6-2-5 是三相 6/4 极开关磁阻驱动电机的驱动回路，其等效电路如图 6-2-6 所示。3 个电感 L 分别表示 SRM 的三相绕组（ I - I′、II - II′、III - III′），IGBT1 ~ IGBT6 为与绕组相连的可控开关元件，6 个二极管为对应相的续流二极管。

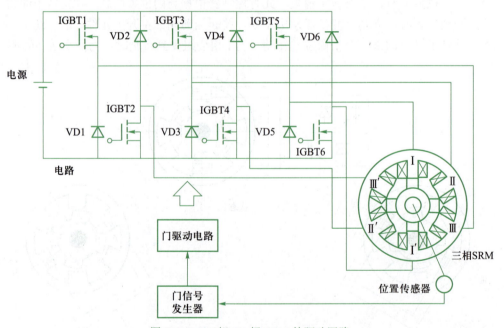

图 6-2-5　三相 6/4 极 SRM 的驱动回路

当第一相绕组 I - I′的开关管导通时，电源给 I - I′相励磁，电流的回路（即励磁阶段）如图 6-2-6a 所示，流通顺序为电源正极→上开关管 IGBT1 →绕组→下开关管 IGBT2 →电源负极， I - I′相绕组的电感处在电感上升区域内，转子转向"极对极"位置。开关管关断时，由于绕组是一个电感，根据电工理论，电感的电流不允许突变，此时电流的续流回路（即去磁阶段）如图 6-2-6b 所示，流通顺序为绕组→上续流二极管 VD1 →电源→下续流二极管 VD2 →绕组，存储于电感的磁场储能一部分转化为电能回馈电源，另一部分则转化为机械能输出。当电机相绕组按 $\mathrm{I} - \mathrm{I}' \rightarrow \mathrm{II} - \mathrm{II}' \rightarrow \mathrm{III} - \mathrm{III}' \rightarrow \mathrm{I} - \mathrm{I}'$ 的顺序导通，使转子沿顺时针方向连续旋转。

图 6-2-7 为四相 8/6 极开关磁阻驱动电机相绕组按 $\mathrm{B} \rightarrow \mathrm{A} \rightarrow \mathrm{D}' \rightarrow \mathrm{C}'$ 的顺序导通，转子沿顺时针方向连续旋转。

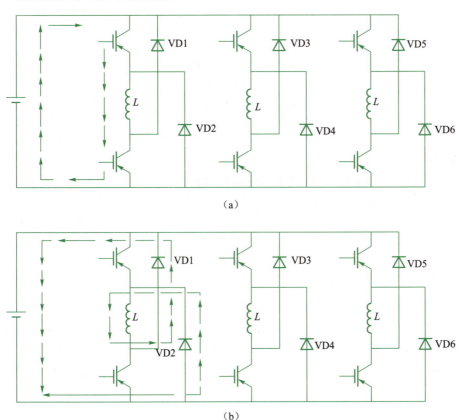

（a）

（b）

图 6-2-6 三相 6/4 极 SRM 驱动回路等效电路

四、开关磁阻电机的特点

1. 开关磁阻电机的优点

（1）调速范围宽、控制灵活，易于实现各种特殊要求的转矩 - 速度特性。开关磁阻电机启动转矩大、低速性能好，无异步电机在启动时所出现的冲击电流现象。在恒转矩区，由于电机转速较低，电机的反电动势小，因此需要对电流进行斩波限幅，即电流斩波控制方式，也可采用调节相绕组外加电压有效值的电压 PWM 控制方式。在恒功率区，通过调解主开关的开通角取得恒功率的特性，即角度位置控制方式。

（2）制造和维护方便。

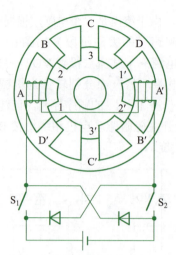

图 6-2-7　四相 8/6 极开关磁阻驱动电机原理示意图

（3）运转效率高。由于开关磁阻控制灵活，易在很宽的转速范围内实现高效节能控制。

（4）可四象限运行，具有较强的再生制动能力。

（5）结构简单、成本低制造工艺也相对简单。其转子绕组可工作于很高的速度；定子为集中绕组，嵌放容易，端部短而牢固并且工作可靠，适用于各种恶劣、高温甚至强震动环境。

（6）转矩方向与电流方向无关，从而减少了功率转换器的开关器件数，降低了成本。同时出现故障的概率减少，控制可靠方便，可四象限运行，容易实现正转、反转、起动、制动等需要的调节控制。

（7）损耗小。损耗主要产生在定子，电机易于冷却。电机转子不存在励磁及转差损耗，并且由于功率变换元器件少，相应的损耗也小。

（8）可靠参数多、调速性能好。可控参数有主开关开通角、主开关关断角、相电流幅值和直流电源电压。

（9）适于频繁起动、停止以及正反转运行。

2. 开关磁阻电机的缺点

（1）虽然结构简单，但其设计和控制较复杂。

（2）由于开关磁阻电机磁极端部的严重磁饱和以及与沟槽的边缘效应，使得开关磁阻电机设计和控制要求非常高。

（3）开关磁阻电机噪声较大。

知识拓展

1. 开关磁阻电机的控制

开关磁阻电机通过电子开关控制定子各凸极相绕组的通断和电流的大小，转子本身不产生磁场，只起导磁的作用。在工作中，定子绕组的电流为方波，磁极磁通处于高饱和状态。

开关磁阻电机的运行不是单纯的发电或者电动的过程，而是将两者有机结合在一起的控制过程。开关磁阻电机控制系统的可控参数主要有控制绕组通断晶体管的导通角度（开通角和关断角）、相电流幅值以及相绕组的端电压。常用的控制方法有角度控制（APC）、电流斩波控制（CCC）和电压控制（VC）三种。

1）角度控制（APC）

APC 是电压保持不变，而对开通角和关断角进行控制。改变开通角，可以改变电流的波形宽度、电流波形的峰值和有效值大小以及改变电流波形与电感波形的相对位置。改变关断角，可以影响电流波形宽度以及与电感曲线的相对位置，电流有效值也随之变化。一般情况下采用固定关断角、改变开通角的控制模式，但固定关断角的选取也很重要。

角度控制的优点是转矩调节范围大，转矩脉动小，可实现效率最优控制和转矩最优控制，但不适合于低速工况。

2）电流斩波控制（CCC）

电流斩波控制方式中，开通角和关断角保持不变，而主要靠控制斩波电流限的大小来调节电流的峰值，从而起到调节电机转矩和转速的目的。

电流斩波控制适用于低速和制动运行工况，可限制电流峰值的增长，并起到良好有效的调节作用，转矩也比较平稳，转矩脉动一般也比其他控制方式要小。

3）电压控制（VC）

电压控制是在某相绕组导通阶段，在主开关的控制信号中加入 PWM 信号，调节占空比来调节绕组端电压的大小，从而改变相电流值。

电压控制实现容易，且成本较低，缺点在于功率元件开关频率高、开关损耗大，不能精确控制相电流。

2. 开关磁阻电机在电动汽车中的应用

开关磁阻电机转子上没有绕组和永磁体，其结构比直流电机、交流异步电机和永磁同步电机坚固，而且这样的结构使得电机制造简单、成本低、散热特性较好。相对于直流电机和交流电机，开关磁阻电机具有更高的效率，而且可以在较宽的功率和转速范围内高效率运行，这种特性十分符合电动汽车驱动的要求。但是，由于外加电压的阶跃性变化，使得定子电流、电机径向力变化率突变，使得开关磁阻电机工作时产生较大的脉动，再加上其结构和各项工作时的不对称，导致开关磁阻电机工作时产生较大的噪声和振动，这是开关磁阻电机在电动汽车驱动系统中应用普遍存在和急需解决的问题。

开关磁阻电机作为最新一代无级调速系统尚处于深化研究开发、不断完善提高的阶段，其应用领域也在不断拓展之中。

任务实施

一、某开关磁阻电机的性能参数

某开关磁阻电机的性能参数见表 6-2-2。

表6-2-2　某开关磁阻电机的性能参数

型号	LAZ-60/72V7500W180#80#2200/2800
额定功率/W	7 500
绝缘等级	F级
防护等级	IP33
工作制	SI
额定电压/V	72

二、电机的检测

驱动电机的测试项目和技术要求可以参照表 3-1-3 进行。

三、开关磁阻电机的分解

1. 准备工具

常用拆装工具、拉马器、橡胶锤、撬具、抹布、手套。

2. 拆卸步骤

（1）拆下散热罩螺钉，并取下散热罩，如图 6-2-8 所示。

微课
开关磁阻电机
的拆卸

图 6-2-8　拆下散热罩螺钉并取下散热罩

（2）在前端盖与壳体之间做好相对标记，如图 6-2-9 所示，并按顺序拆卸前端盖螺栓，注意对角分多次拧松螺栓，如图 6-2-10 所示。

图 6-2-9　做好相对标记

图 6-2-10　拆卸前端盖螺栓

（3）用撬具分多次均匀撬下前端盖，如图 6-2-11 所示。

（4）整体取下转子与前端盖，如图 6-2-12 所示。注意操作安全。

（5）用拉马器将前端盖与转子分离，如图 6-2-13 所示。注意需两人操作。

图 6-2-11　撬下前端盖

图 6-2-12　整体取下转子与前端盖

（6）在后端盖与壳体之间做好相对标记，按顺序拆下后端盖螺栓，如图 6-2-14 和图 6-2-15 所示。

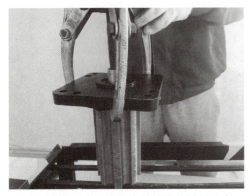

图 6-2-13　用拉马器将前端盖与转子分离

图 6-2-14　在后端盖与壳体之间做好相对标记

（7）用撬具分多次均匀撬下后端盖，如图 6-2-16 所示。

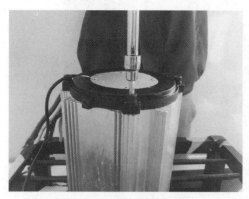

图 6-2-15　拆下后端盖螺栓　　　　　　　图 6-2-16　撬下后端盖

（8）拆卸完成的开关磁阻电机如图 6-2-17 所示。

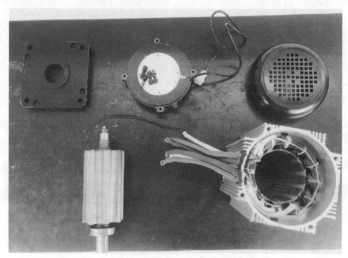

图 6-2-17　开关磁阻电机分解图

四、开关磁阻电机的装配

（1）按相对标记装入后端盖，如图 6-2-18 所示。

（2）拧紧后端盖螺母，如图 6-2-19 所示。注意对角并分多次均匀拧紧。

（3）装入转子，如图 6-2-20 所示。用橡胶锤轻轻均匀敲击转子轴，使其安装入位。

（4）安装前端盖，注意与壳体之间的相对记号，轻轻敲击四周使其安装到位，如图 6-2-21 所示。

（5）拧紧前端盖螺栓，如图 6-2-22 所示。注意对角均匀分多次拧紧。

（6）安装散热罩，如图 6-2-23 所示。注意螺栓拧紧顺序。

微课
开关磁阻电机
的安装

图 6-2-18　按相对标记装入后端盖

图 6-2-19　拧紧后端盖螺母

图 6-2-20　装入转子

图 6-2-21　装入前端盖

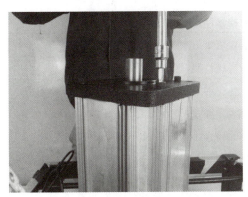

图 6-2-22　拧紧前端盖螺栓

图 6-2-23　安装散热罩

 思考与练习

一、填空题

1. 开关磁阻电机基本组成部件有_____、_____、电子开关。

2. 开关磁阻电动机的工作原理遵循_____的原则。

3. 开关磁阻电机转子的作用是_____。

4. 电流斩波控制法主要靠控制_____来调节电流的峰值，从而起到_____的目的。

5. 开关磁阻电机驱动系统主要由_____、_____、传感器、_____组成。

二、判断题（对的打"√"，错的打"×"）

1. 开关磁阻电机电流的方向对转矩没有任何影响。　　　　　　　（　　）

2. 开关磁阻电机控制器根据相应的位置信息，按一定的控制逻辑连续地导通和关断相应的相绕组主开关。　　　　　　　（　　）

3. 开关磁阻电机转子的凸极个数为奇数。　　　　　　　（　　）

三、简答题

1. 开关磁阻电动机的优点是什么？

2. 开关磁阻电机的控制形式有哪些？

评价与反馈

开关磁阻电机拆装与检修评价反馈见表 6-2-3。

表6-2-3　开关磁阻电机拆装与检修评价反馈表

基本信息	姓 名		学号		班级		组别	
	规定时间		完成时间		考核日期		总评成绩	
任务评价	序号	步骤		评分细则			分值	得分
	1	作业前准备		正确准备好常用拆装工具、抹布、操作台、绝缘测测试仪、万用表			5	
	2	外观的检查		检查结果：_____			10	
	3	开关磁阻电机的检测		检测项目齐全；检测工具使用正确；检测方法正确 绕组的检测结果 电阻值：_____ 绝缘值：_____ 传感器检测结果：_____			40	

续表

	序号	步骤	评分细则	分值	得分
任务评价	4	开关磁阻电机的拆卸	拆卸方法和步骤要正确 工具的使用要熟练	10	
	5	开关磁阻部件的检查	检查结果：_____	10	
	6	开关磁阻电机的安装	安装方法和步骤要正确 工具的使用要熟练	20	
	7	6S	—	5	
合计				100	

说明：每项分都是扣完为止

项目七 ▶▶▶

新能源汽车驱动电机系统的检修与更换

▶ **项目概述**

    驱动电机和电机控制器工作时，会散发热量，需要冷却系统对其冷却，当驱动电机系统温度过高时，需对其进行检修。另外，安装在整车上的驱动电机系统由于工作环境恶劣，当出现故障时，需对其进行检修，在某些情况下，还需要更换驱动电机。

任务一 驱动电机冷却系统的检修

学习目标

1. 知识目标

了解电动汽车的热源。

了解电动汽车冷却系统的作用。

了解电动汽车冷却系统的形式。

熟悉电动汽车冷却系统的组成。

掌握北汽新能源 EV160/200 纯电动汽车电机及控制器冷却系统控制策略。

2. 技能目标

能正确对电动汽车驱动电机冷却系统进行检修。

任务引入

一辆北汽新能源 EV200 纯电动汽车的冷却液泵坏了，如何对其进行更换呢？

知识准备

一、电动汽车的热源

电动汽车的热源主要有动力电池、驱动电机、电机控制器、DC/DC 变换器和车载充电机等。

二、电动汽车冷却系统的作用

电动汽车冷却系统的作用是将驱动电机、电机控制器、动力蓄电池、车载充电机和其他部件产生的热量及时散热出去，保证电动汽车在要求的温度范围内稳定高效的工作。

三、驱动电机冷却系统形式

1. 驱动电机冷却方式

电动汽车的驱动电机有别于传统的电机。由于采用驱动电机后，电动汽车一般不再装配离合器，车辆变速器挡位也变得较少甚至取消，车辆的起步、加速、高速行驶全靠电机来实现。而电机的内阻不可能为零，因此在上述行驶中的大电流状况下，电机的内耗也会急剧增加，电机的内耗几乎全部以热量的方式释放。如果电机得不到有效的冷却，电机的内部温度不断升高，导致电机效率下降。如果温度过高，就会造成内部烧蚀甚至击穿，导致电机损坏。另外，多数电机内部均有磁性材料，温度过高，会导致磁性材料稳定性下降，磁性降低，甚至磁性消失，导致电机损坏。因而，控制电机的工作温度(尤其是最高温度)尤为重要。

驱动电机常见的冷却方式有风冷和液冷。采用风冷方式较为常见，如一些小型电机、交流电机、开关磁阻电机、异步电机等；液冷方式主要应用在一些永磁电机上。从理论上讲，几乎所有的电机既可以采用风冷也可以采用液冷，最大的区别主要体现在电机的设计用途和功率密度上。

如果车辆安装空间自由度较大，通风情况良好，电机的重量要求不是很苛刻，可以采用风冷电机。为了节约车辆空间，缩小电机的体积，降低电机的重量，提高电机的功率，可采用液冷方式。

由于风冷电机不需要散热水道，成本相对较低。液冷电机结构复杂，一般在外壳体上布置冷却水道，而且需要增加较为严格的防护措施，因而成本较风冷电机要高。风冷电机为了获得必要的冷却效果，体积相对较大，表面一般采用冷却栅的方式增加散热面积，而且还需要在电机的封闭端增加散热风扇以增加散热效果，因而风冷电机体积和质量较大。

多数电动汽车尤其是大功率电动汽车一般采用液冷电机。液冷电机需要增设额外的电动水泵和散热器等装置来为电机提供冷却，这增加了额外功耗，使结构较为复杂，且布置和安装要求较高。

2. 电机控制器冷却方式

电机控制器与驱动电机的冷却方式一样，也有风冷和液冷之分。在外观上，风冷的控制器体积要较液冷的控制器体积大，风冷控制器一般需要装备多个强制散热风扇，进行强制通风。电机控制器的冷却方式主要取决于电机的冷却方式。一般情况下，这两者采用相同的冷却方式进行冷却。

电动汽车系统控制器除了有电机控制器(简称控制器)外，还有动力蓄电池、若干小功率的 DC/DC 或者 DC/AC 逆变器、车载充电机等。控制装置一般允许最高温度为 60～70℃，而最佳工作环境温度为 40～50℃。由于自身工作产生的热量或周围环境的温度较高时，很容易达到其允许温度限值。因此，这些装置都要有散热设备，对其温度进行控制，或采用风冷，或采用水冷的方式。

四、冷却系统的组成

电动汽车水冷式冷却系统主要由电动冷却液泵、散热器、电动风扇、冷却液膨胀箱和冷却液等组成。图 7-1-1 是北汽新能源 EV160/200 纯电动汽车水冷式冷却系统的组成图。

1. 电动冷却液泵

电动冷却液泵是冷却液循环的动力元件，如图 7-1-2 所示。它的作用是对冷却液加压，促使冷却液在冷却系统中循环，使冷却液带走系统散发的热量。电动汽车的冷却液泵一般采用电机驱动。

微课
冷却系统的组成

微课
电动冷却液泵的结构

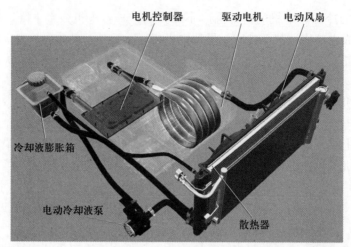

图 7-1-1　北汽新能源 EV160/200 纯电动汽车水冷式冷却系统的组成图

冷却液泵采用的是直流无刷离心冷却液泵，由泵壳、冷却液泵叶轮、轴承、驱动电机、冷却液泵控制器等组成。电机转子旋转，带动和其连接的叶轮转动，冷却液泵中的冷却液被叶轮带动一起旋转，在离心力的作用下被甩向循环冷却液泵壳体的边缘，同时产生一定的压力，然后从出冷却液道或冷却液管流出，进入电机控制器等热源部件。叶轮的中心处由于冷却液被甩出而压力降低，冷却液膨胀箱中的冷却液在冷却液泵进口与叶轮中心的压差作用下经冷却液管被吸入叶轮中，实现冷却液的往复循环。

图 7-1-2　电动冷却液泵

北汽新能源 EV160/200 纯电动汽车采用的是 DC 50B 型新能源汽车电动冷却液泵，该型号电动冷却液泵分为 12 V 系统和 24 V 系统，可以兼容目前车用主流电源系统。采用三相全桥驱动，主控芯片在 12 V 系统时无须额外驱动芯片，可以直接驱动 MOS 管，减少了元件数量和控制器体积。在控制方式上，采用了无传感器换向和正弦波驱动的方式，提高了系统的可靠性，减小了电机噪声，具有 PWM 和 LIN 总线通信接口，DC 50B 型新能源汽车电动冷却液泵控制策略框图如图 7-1-3 所示。该电动冷却液泵由 6 个 MOS 管产生 PWM 信号驱动电机工作，可以通过控制指令实时控制冷却液泵输出功率，具有体积小、重量轻、效率高、智能化的特点。

2. 电动风扇

电动风扇安装在散热器的后面，其作用是当风扇旋转时吸进空气，使其通过散热器，提高流经散热器、冷凝器（空调）的空气流速和流量，以增强散热器的散热能力，加速冷却液的冷却。同时冷却机舱内其他部件，使电机、电机控制器能在合适的温度下正常工作。根据电机、控制器、空调压力等参数，由整车控制器控制电动风扇的双风扇运行，电动风扇采用两挡调速。

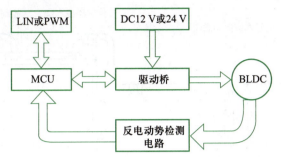

图 7-1-3　DC 50B 型新能源汽车电动冷却液泵控制策略框图

3. 冷却液膨胀箱

冷却液膨胀箱（见图 7-1-4）为冷却系统冷却液的排气、膨胀和收缩提供受压容积，也作为冷却液加注口。

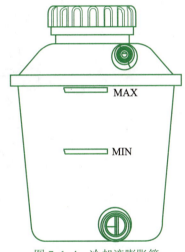

图 7-1-4　冷却液膨胀箱

4. 冷却液

使用正确的冷却液，可起到防腐蚀、防水垢和防冻等作用，使冷却系统始终处于最佳的工作状态。

由于电动汽车采用一套液冷设备，因此，对于电机和控制器而言，要想获得最佳的冷却效果，冷却液的流向十分重要。如图 7-1-5 所示，冷却液的流向是从散热水箱下部出来后，经水泵后先冷却电机控制器，从电机控制器流出的冷却液进入电机的低位进水口，然后回流到散热水箱的上回水口。这样一个循环下来，保证了控制器的冷却需求，使电机控制器得到整个系统最低温度的冷却液。

为了保证整个系统的冷却效果和可靠性，上述循环系统的水泵需要在车辆的整个运行期间内连续工作，同时为了节约车载能源，散热水箱的风扇可采用温控风扇，能够根据冷却液的温度控制转速，当冷却液温度较低时，可以关闭散热风扇以节约电能；当循环水温稍高时，以一个较低的风扇转速对散热水箱进行冷却；当循环水温度高时，散热风扇全速运行，以获得较大的散热量，维护散热系统的温度不过高。

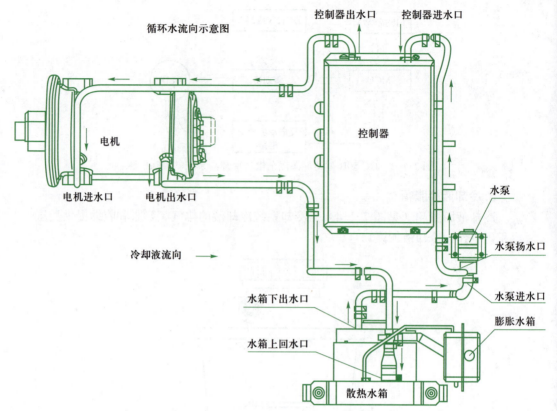

图 7-1-5　某电动汽车循环水路布置图

五、北汽新能源 EV160/200 纯电动汽车电机及控制器冷却系统控制策略

1. 水泵控制

当起动车辆时候，电动水泵开始工作（即仪表显示 READY）。

2. 电机控制温度

当控制器监测到驱动电机温度在 45 ～ 50℃时，冷却风扇低速运转。

当温度大于 50℃时，冷却风扇高速运转。

当温度降至 40℃时，冷却风扇停止工作。

当温度为 120 ～ 140℃时，降功率运行。

当温度大于 140℃时，降功率至 0，即停机。

3. 电机控制器温度控制

当控制器监测到散热基板温度大于 75℃时，冷却风扇低速运转。

当控制器监测到散热基板温度大于 80℃时，冷却风扇高速运转。

当控制器监测到散热基板温度降至 75℃时，冷却风扇停止工作。

当控制器监测到散热基板温度大于 85℃时，超温保护，即停机。

当控制器监测到散热基板温度在 75 ～ 85℃时，降功率运行。

吉利帝豪纯电动汽车冷却系统

（1）吉利帝豪纯电动汽车冷却系统的组成

吉利帝豪纯电动汽车冷却系统主要由电机控制器、车载充电机、驱动电机、冷却液、冷却液泵（电动冷却液泵）、膨胀罐（冷却液膨胀箱）、散热器、冷却风扇（电动风扇）、整车控制器、热交换管理模块和相关管路组成。

电动冷却液泵由低压电路驱动，为冷却液的循环提供动力。冷却液在电动冷却液泵的作用下，在管道中流动，流向如图 7-1-6 所示。

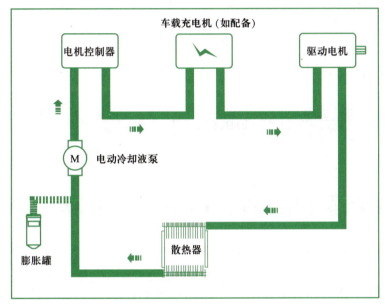

图 7-1-6　冷却液流动方向

膨胀罐总成通过冷却液管与散热器连接。冷却液温度逐渐升高并膨胀，部分冷却液因膨胀而从散热器和驱动电机中流入膨胀罐总成。散热器和管道中滞留的空气也被排入膨胀罐总成。在车辆停止后，冷却液自动冷却并收缩，先前排出的冷却液则被收回散热器，从而使散热器中的冷却液，一直保持在合适的液面，并提高冷却效率。

冷却风扇总成安装在前舱内散热器的后部，可增加散热器和空调冷凝器的通风量，从而有助于加快车辆低速行驶时的冷却速度。风扇采用双风扇、高低速的控制模式，通过两个不同的电机驱动扇叶。冷却风扇由整车控制模块（或叫整车控制器，VCU），利用冷却风扇低速继电器和冷却风扇高速继电器直接控制，采用串联调速电阻的方式来改变风扇的转速。

冷却液采用的是电机用乙二醇型电机冷却液，冰点 ≤ -40℃，禁止使用普通清水代替冷却液，也不能混用。

（2）吉利帝豪纯电动汽车冷却系统电气原理

吉利帝豪纯电动汽车冷却系统电气原理见图7-1-7。

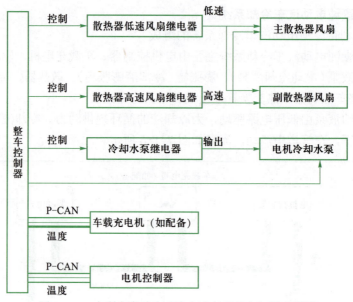

图 7-1-7　吉利帝豪纯电动汽车冷却系统电气原理框图

任务实施

驱动电机冷却系统的检修

1. 工量具准备

举升机、北汽新能源 EV160/200 整车、车内外三件套、常用拆装工具、冷却液、红外测温仪、冰点测试仪。

2. 冷却液液面高度及浓度的检查

注意：当冷却系统温度高于环境温度时，请勿打开散热器盖，否则热的蒸汽或沸腾的冷却液会从散热器中飞溅出来对人体造成伤害。

透明的冷却液储液罐位于前机舱内。在冷却液处于冷状态测量时，罐内的冷却液的高度应保持在两条标记线之间，如图7-1-8所示。电动汽车冷却液液位必须定期检查，如必要，添加冷却液或调整浓度，检查冷却液液位。

3. 检查系统是否渗漏

目测冷却系统管路及各零部件接口处有无泄漏情况。

4. 检查和清洁散热器

清洁散热器散热片是保证良好传热效果所必需的工作。若散热器和空调散热片出现碎屑堆积，需进行清洗。在电机冷却后，散热器后部（电机侧）使用压缩空气来冲走散热器和空调冷凝器的碎屑。需检查散热器翅片是否变形，否则会降低通风量。注意：严禁使用水枪对散热器片喷水清洗。

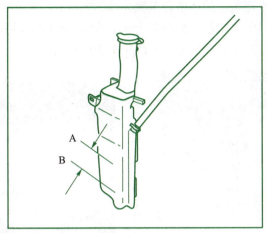

图 7-1-8　检查冷却液液位

5. 检查冷却液泵是否正常工作

起动车辆，检查冷却液泵有无泄漏情况，是否有异响。检查电动冷却液泵的线束是否老化、破皮。电源线铜芯外露等情况。

6. 检查部件是否温度正常

起动车辆，使用红外测温仪检查散热器、驱动电机、电机控制器等温度是否正常。

7. 排放与添加冷却液

（1）用抹布盖住密封盖并小心打开。

① 打开散热器密封盖。在打开散热器密封盖时，可能有热蒸汽溢出，戴好护目镜并穿上防护服，以免伤害眼睛和烫伤。

② 将收集盘置于车下。

③ 松开散热器冷却液排放螺栓。

④ 排放出副水箱中的冷却液。

⑤ 使用冰点测试仪检查冷却液的冰点，加注冷却液。

（2）向散热器加注口加注符合新能源汽车使用标准的冷却液，目测冷却液加注至冷却液加注口位置时，开启电动冷却液泵，待水泵循环运行 2 ~ 3 min 后，再向散热器补充冷却液至加注口。重复以上加注操作，直至达到冷却系统加注量要求，然后将冷却液膨胀箱中的冷却液加注至上限位置。

8. 更换电动冷却液泵

当电动冷却液泵故障时，会导致电机控制器与电机冷却效果变差，温度升高时，需更换电动冷却液泵。

注意：因电动冷却液泵位于车身下部，附近有高压线缆，拆卸电机之前，必须严格按照规范对车辆进行断电操作。需关闭点火开关，断开蓄电池负极。为确保安全，最好由两人共同完成电动水泵的更换。

微课
电动冷却液泵
的更换

操作步骤如下：

（1）旋下膨胀水箱盖，然后举升车辆。

（2）旋下散热器放水螺栓（见图 7-1-9），放出冷却液，再旋上放水螺栓。

（3）断开电动水泵线束连接器，如图 7-1-10 所示。

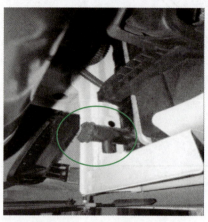
图 7-1-9　散热器放水螺栓

图 7-1-10　断开电动水泵线束连接器

（4）松开电动水泵进出水管卡箍，如图 7-1-11 所示。

（5）拔下电动水泵进出水管，拆下两个电动水泵固定螺栓。

（6）取下电动水泵。

（7）更换新的电动水泵。

（8）安装两个电动水泵固定螺栓。

（9）插上电动水泵进、出水管。

（10）拧紧电动水泵进出水管卡箍。

（11）插上电动水泵插头。

（12）降低车辆，添加冷却液至规定液位。

（13）拧上膨胀水箱盖，驾驶车辆行驶，试车一段时间。

（14）举升车辆，检查各进出水口有无渗漏。

（15）降下车辆，再次检查冷却液面高度，若高度低于最低液面，则添加适量冷却液。

图 7-1-11　电动水泵进出水管卡箍

任务拓展

1. 吉利帝豪纯电动汽车冷却水泵的拆卸

（1）打开前机舱盖。

（2）断开蓄电池负极电缆。

（3）断开电动水泵线束连接器，如图 7-1-12 中①所示。

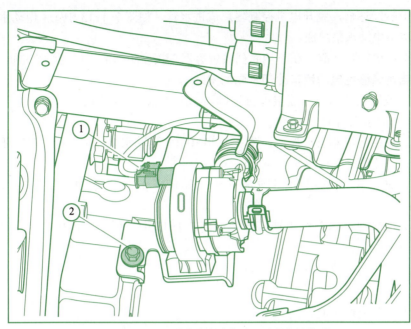

图 7-1-12　电动水泵线束连接器和支架固定螺栓

（4）拆卸电动水泵支架固定螺栓，如图 7-1-12 中②所示。

（5）拆卸环箍（拆卸或安装水管环箍时都应使用专用的环箍钳），脱开散热器出水管，如图 7-1-13 中②（电动水泵侧）所示。

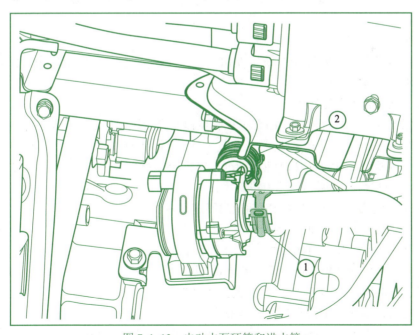

图 7-1-13　电动水泵环箍和进水管

（6）拆卸环箍，脱开电机控制器总成进水管，如图 7-1-13 中①（电动水泵侧）所示，取下电动水泵总成。

注意：水管脱开前，在车辆底部放置容器，接住防冻液，以免污染地面。

2. 吉利帝豪纯电动汽车冷却水泵的安装

（1）放置电动水泵，连接电机控制器总成进水管，如图 7-1-13 中①（电动水泵侧）所示，安装环箍。

（2）连接散热器出水管，如图 7-1-13 中②（电动水泵侧）所示，安装环箍。

注意：环箍装配位置应该与管路标识线对齐。

（3）紧固电动水泵支架固定螺栓，如图 7-1-12 中②所示，拧紧力矩为 23 N•m。

（4）连接电动水泵线束连接器，如图 7-1-12 中①所示。插接时注意"一插、二响、三确认"。

（5）加注冷却液。

（6）连接蓄电池负极电缆。

（7）关闭前机舱盖。

思考与练习

一、填空题

1. 电动汽车的热源主要有动力电池、_____、_____、DC/DC 变换器和车载充电机等。

2. 驱动电机常见的冷却方式有_____和_____。

3. 电动汽车水冷式冷却系统主要由_____、_____、电子风扇、膨胀水箱和冷却液等组成。

二、选择题（多选题）

1. 根据（　　）等参数，由整车控制器控制电子风扇的双风扇运行。

　　A. 电机　　　　　B. 控制器　　　　　C. 空调压力　　　　　D. 转动系统

2. 北汽新能源 EV160/200 纯电动汽车电机冷却系统控制策略是（　　）。

　　A. 当控制器监测到驱动电机温度在 45 ~ 50℃时，冷却风扇低速运转。

　　B. 当温度大于 50℃时，冷却风扇高速运转。

　　C. 温度降至 40℃时，冷却风扇停止工作。

　　D. 温度在 120 ~ 140℃时，降功率运行。

　　E. 温度大于 140℃时，降功率至 0，即停机。

三、判断题（对的打"√"，错的打"×"）

1. 电机控制器采用的冷却方式是液冷。　　　　　　　　　　　　　　　　　　（　　）

2. 北汽新能源 EV160/200 纯电动汽车电机控制器监测到散热基板温度大于 85℃时，超温保护，即停机。　　　　　　　　　　　　　　　　　　　　　　　（　　）

四、简答题

电动汽车冷却系统的作用是什么？

 评价与反馈

驱动电机冷却系统检修评价反馈见表7-1-1。

表7-1-1　驱动电机冷却系统检修评价反馈表

基本信息	姓名		学号		班级		组别		
	规定时间		完成时间		考核日期		总评成绩		
任务评价	序号	步骤		评分细则			分值		得分
	1	作业前准备		正确准备好工量具设备，做好准备工作；安装车内、车外三件套			10		
	2	检查系统是否渗漏		检查结果：＿＿＿＿＿＿＿			10		
	3	检查和清洁散热器		是否检查 清洁方法是否正确 检查结果：＿＿＿＿＿＿＿			10		
	4	检查水泵是否正常工作		检查方法是否正确 检查结果：＿＿＿＿＿＿＿			10		
	5	检查部件是否温度正常		检查结果：＿＿＿＿＿＿＿			10		
	6	排放与添加冷却液		点火开关是否关闭、蓄电池负极是否断开、工具使用是否正确，排放与添加冷却液方法是否正确			20		
	7	更换电动水泵		操作是否正确			20		
	8	6S		点火开关是否关闭、蓄电池负极是否断开、工具使用是否正确			10		
合计							100		

说明：每项分都是扣完为止

任务二　驱动电机系统总成就车检修

 学习目标

1. 知识目标

了解驱动电机系统的分布。

熟悉驱动电机低压线束接口。

熟悉驱动电机控制器接口定义。

熟悉驱动电机系统电路图。

熟悉新能源汽车故障分级。

2. 技能目标

能对驱动电机就车检查与维护。

熟练使用诊断仪对电机驱动系统进行诊断和检修。

 任务引入

一辆北汽新能源 EV200 纯电动汽车"Ready"灯不亮,用诊断仪读取故障码,故障内容是旋转变压器故障。那么对此故障该如何进行检修呢?

 知识准备

一、驱动电机系统的分布图

驱动电机系统由驱动电机、驱动电机控制器等部分构成。图 7-2-1 是北汽新能源 e150EV、EV160/200 纯电动汽车驱动电机系统图。电机驱动系统通过高低压线束、冷却管路,与整车其他系统进行电气和散热器连接。在北汽新能源 e150EV、EV160/200 纯电动汽车驱动电机系统中,驱动电机的输出动作主要是靠控制单元给定命令执行,即控制器输出命令。控制器主要是将输入的直流电逆变成电压、频率可调的三相交流电,供给配套的三相交流永磁同步电机使用。

二、驱动电机低压线束接口

北汽新能源 EV160/200 驱动电机低压插接件如图 7-2-2 所示。

北汽新能源 EV160/200 驱动电机低压接口定义如图 7-2-3 和表 7-2-1 所示。

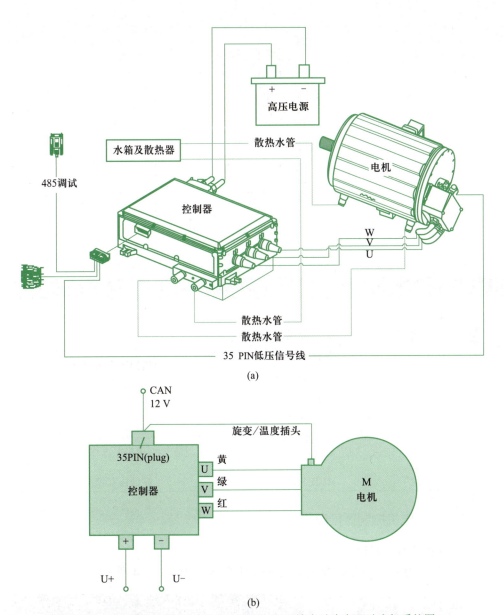

图 7-2-1　北汽新能源 e150EV、EV160/200 纯电动汽车驱动电机系统图

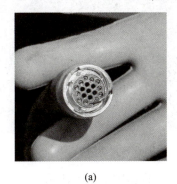

(a)

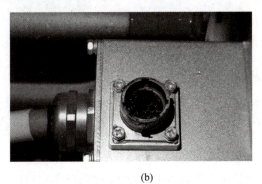

(b)

图 7-2-2　驱动电机低压插接件

图 7-2-3   EV160/200 驱动电机低压接口编号

表7-2-1   北汽新能源EV160/200纯电动汽车驱动电机低压接口定义（19针）

编号	定义	说明
A	激励绕组R1	电机旋转变压器接口
B	激励绕组R2	
C	余弦绕组S1	
D	余弦绕组S3	
E	正弦绕组S2	
F	正弦绕组S4	
G	TH0	电机温度接口
H	TL0	
L	HVIL1(+L1)	高低压互锁接口

三、驱动电机控制器接口定义

1. 电机控制器的位置

北汽新能源 EV160/200 纯电动汽车电机控制器如图 7-2-4 所示。

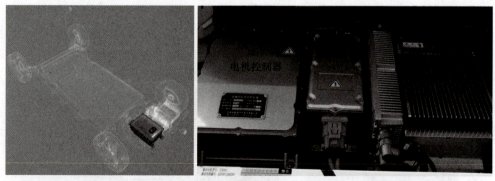

图 7-2-4   北汽新能源 EV160/200 纯电动汽车电机控制器的位置

新款北汽新能源 EV160 纯电动汽车电机控制器位置如图 7-2-5 所示。

图 7-2-5　新款北汽新能源 EV160 纯电动汽车电机控制器位置

2. 驱动电机控制器插接件

北汽新能源 EV160/200 纯电动汽车驱动电机控制器插接件如图 7-2-6 所示。

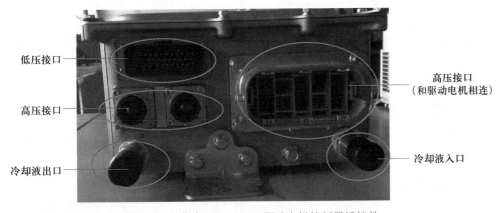

图 7-2-6　北汽 EV160/200 驱动电机控制器插接件

3. 驱动电机控制器低压插接件

驱动电机控制器低压插接件如图 7-2-7 所示。

北汽新能源 EV160/200 纯电动汽车驱动电机控制器低压插接件的端子定义如图 7-2-8 和表 7-2-2 所示。

图 7-2-7　驱动电机控制器低压插接件

图 7-2-8　北汽新能源 EV160/200 纯电动汽车驱动电机控制器低压插接件端子编号

表7-2-2　北汽新能源EV160/200纯电动汽车驱动电机控制器低压插接件端子定义

编号	定义	说明	编号	定义	说明
12	激励绕组R1	—	26	HVIL2(+L2)	高低压互锁接口
11	激励绕组R2	—	32	CAN_H	—
35	余弦绕组S1	—	31	CAN_L	—
34	余弦绕组S3	高低压互锁接口	30	CAN_PB	CAN总线接口
23	正弦绕组S2	—	29	CAN_SHIELD	
22	正弦绕组S4	—	10	TH	—
33	屏蔽层	—	9	TL	电机温度传感器接口
24	12V_GND	控制电源接口	28	屏蔽层	
24	12V_GND		8	485+	RS485总线接口
15	HVIL1(+L1)	高低压互锁接口	7	485–	

注：S1\S3信号绕组回路应为（60±10%）Ω；S2\S4信号绕组回路应为（60±10%）Ω；R1\R2励磁绕组回路应为（33±10%）Ω。

四、驱动电机系统电路图

北汽新能源 EV160/200 纯电动汽车驱动电机系统电路图如图 7-2-9 所示。

五、新能源汽车诊断仪

以北汽新能源专用诊断仪为例。

1.北汽新能源汽车故障分级

北汽新能源汽车整车控制器根据电机、电池、EPS、DC/DC 等零部件故障、整车 CAN 网络故障及 VCU 硬件故障进行综合判断，确定整车的故障等级，并进行相应的控制处理。

整车的故障等级划分为 4 级，如表 7-2-3 所示。

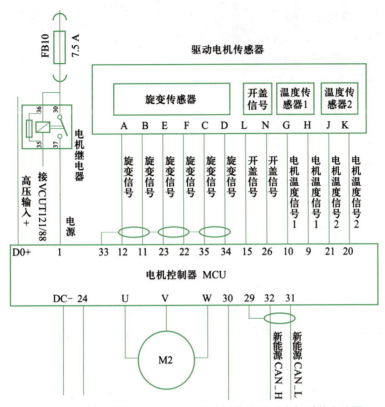

图 7-2-9　北汽新能源 EV160/200 纯电动汽车驱动电机系统电路图

表7-2-3　整车故障等级划分

等级	名称	故障后处理
一级	致命故障	电机零扭矩，1s紧急断开高压，系统故障灯亮
二级	严重故障	二级故障，电机故障零扭矩；二级电池故障，20A放电电流限功率。系统故障灯亮
三级	一般故障	进入跛行工况/降功率，系统故障灯亮
四级	轻微故障	只仪表显示，四级故障属于维修提示，但是VCU不对整车进行限制。 四级能量回收故障，仅停止能量回收，行驶不受影响

2. OBD 接口线束定义

OBD 是 On-Board Diagnostic 的缩写，即随车诊断系统。OBD 诊断接口如图 7-2-10 所示。

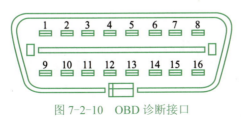

图 7-2-10　OBD 诊断接口

OBD 接口线束定义如下:

（1）Pin1：新能源 CAN 高

（2）Pin9：新能源 CAN 低

（3）Pin2：快充 CAN 高

（4）Pin10：快充 CAN 低

（5）Pin3：动力电池 CAN 高

（6）Pin11：动力电池 CAN 低

（7）Pin6：原车 CAN 高

（8）Pin14：原车 CAN 低

（9）Pin16：常电（BAT+）

（10）Pin5：地线 -

（11）Pin4：地线 -

3. 诊断仪软件运行环境

北汽新能源电动车专用诊断仪能与多种车型匹配，能对多个子系统进行诊断，具有多种诊断能力，能对主要功能部件进行测试，且能对系统进行标定和烧录程序。

（1）硬件要求：笔记本电脑、台式机、PAD，系统盘空间不小于 5 GB，内存不小于 1 GB；

（2）操作系统：Windows XP SP3，Windows7 和 Windows 8，暂不支持 Windows RT；

（3）网络要求：本软件需要在线激活和网络下载，务必保证连接 Internet 正常；

（4）安装条件：Windows 登入账户必须是管理员身份。

4. 软件功能使用说明

软件功能使用说明见表 7-2-4。

表7-2-4　软件功能使用说明

功能图标	功能名称	功能描述
	主界面	BDS 汽车无线诊断系统主界面，介绍与描述产品性能和品牌
	汽车智能诊断系统	汽车无线诊断系统的核心功能，提供了简易而专业的汽车综合诊断功能，包括读取 ECU 信息、故障码分析、数据流分析、数据流冻结帧、元件执行、电脑编程、匹配、设定和防盗功能
	系统设定	汽车无线诊断系统的系统设定功能，提供多种功能操作模式、连接方式、公英制单位切换和语言选择等功能，从而丰富用户体验
	软件管理	产品软件管理，用于甄别汽车诊断软件的版本信息，以便客户升级软件；用于客户管理汽车诊断车型软件；用于注册用户信息，以加强用户的安全性，以及客户打印测试报告时显示用户信息
	系统退出	安全退出 BDS 系统

知识拓展

1.吉利帝豪纯电动汽车驱动电机系统电气原理

吉利帝豪纯电动汽车驱动电机系统电气原理如图 7-2-11 所示。

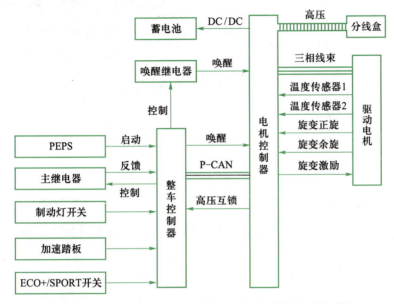

图 7-2-11　吉利帝豪纯电动汽车驱动电机系统电气原理图

2.吉利帝豪纯电动汽车驱动电机控制器

吉利帝豪纯电动汽车驱动电机控制器接口如图 7-2-12 所示。

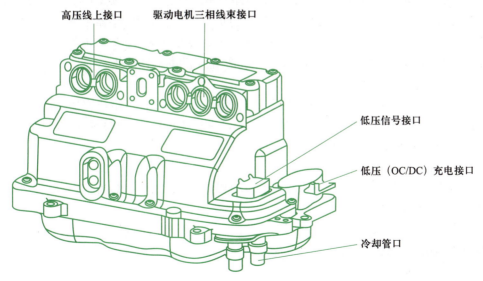

图 7-2-12　吉利帝豪纯电动汽车驱动电机控制器接口

吉利帝豪纯电动汽车电机控制器的原理如图 7-2-13 所示。

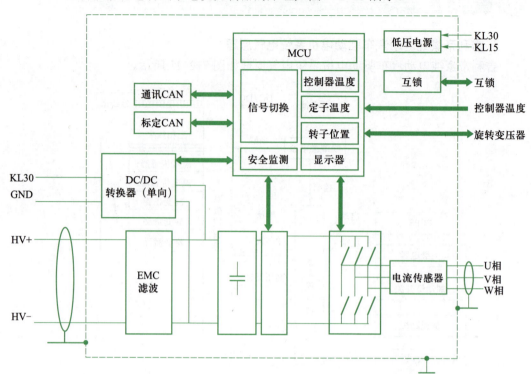

图 7-2-13   吉利帝豪纯电动汽车电机控制器的原理框图

1）组成

电机控制器包含 1 个 DC/AC 逆变器和 1 个 DC/DC 直流转换器，其中逆变器由 IGBT、直流母线电容、驱动和控制电路板等组成，实现直流 (可变的电压、电流) 与交流 (可变的电压、电流、频率) 之间的转变；直流转换器由高低压功率器件、变压器、电感、驱动和控制电路板等组成，实现直流高压向直流低压的能量传递。电机控制器还包含冷却器 (通冷却液) 给电子功率器件散热。

2）转矩控制模式

电机控制系统控制电机轴向四象限的转矩。由于没有转矩传感器，转矩指令 (由整车控制器发送) 被转换成为电流指令，进行闭环控制。转矩控制模式只有在获得正确的初始偏移角度时才能进行。

3）静态模式

静态模式在电机控制器 (PEU) 处于被动状态 (待机状态) 或故障状态时被激活。

4）主动放电模式

主动放电用于高压直流端电容的快速放电。主动放电指令来自整车控制器的指令或由电机控制器 (PEU) 内部故障触发。

5）DC/DC 直流转换

电机控制器 (PEU) 中的 DC/DC 转换器将高压直流端的高压转换成指定的直流低压 (12 V 低压系统)，低压设定值来自整车控制器指令。

6）系统诊断功能

当故障发生时，软件根据故障级别使 PEU 进入安全状态或限制状态。安全状态包括主动短路或 Freewheel 模式，限制状态包括四个级别的功率 / 转矩输出限制。PEU 软件中提供基于 IOS-14229 标准的诊断通信功能，见表 7-2-5。

表7-2-5　诊断通信功能

诊断项目	诊断内容
传感器诊断	电流传感器、电压传感器、温度传感器、位置传感器等故障诊断
电机诊断	电流调节故障、电机性能检查、主动电机诊断短路或空转条件不满足、转子偏移角诊断等
CAN通信诊断	包括 CAN 内存检测、总线超时、报 CAN 通信诊断文长度、Checksum 校验、收发计数器的诊断
硬件安全关诊断	相电流过流诊断、直流母线电压过压硬件安全诊断、高 / 低压供电故障诊断、处理器监控等
DC/DC诊断	DC/DC 传感器以及工作状态诊断

3. 吉利帝豪纯电动汽车电机控制器低压信号接口端子定义

吉利帝豪纯电动汽车电机控制器低压信号接口如图 7-2-14 所示，端子定义见表 7-2-6。

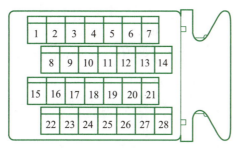

图 7-2-14　吉利帝豪纯电动汽车电机控制器低压信号接口

表7-2-6　吉利帝豪纯电动汽车电机控制器低压信号接口端子定义

端子号	端子定义	线径/mm² 及颜色	端子状态	状态
1	高压互锁输入	0.5Br	E-S-PLTIN	—
2	—	—	—	—
3	—	—	—	—
4	高压互锁输入	0.5W	W-S-PLOUT	—
5	温度传感器输入	0.5Br/W	E-A-EMTI	—
6	温度传感器输入	0.5R	M-A-EMTO	—

续表

端子号	端子定义	线径/mm² 及颜色	端子状态	状态
7	温度传感器输入	0.5L/R	E-A-EMTO	—
8	—	—	—	—
9	—	—	—	—
10	屏蔽线接地	0.5 B	M-SCHIRM-VOGT	—
11	接地	0.5 B	—	—
12	—	—	—	—
13	温度传感器输入	0.5 W/G	E-A-EMTI	—
14	唤醒输入	0.5 L/W	E-S-唤醒	—
15	resolver +EXC	0.5 G	—	—
16	resolver +COSLO	0.5 P	—	—
17	resolver +COSLO	0.5 W	—	—
18	—	—	—	—
19	—	—	—	—
20	CAN-H	L/R	总线	—
21	CAN-L	0.5 Gr/O	总线	—
22	resolver +EXC	0.5 O	A-F-LG-ERR-NEG	—
23	resolver +COSHI	0.5L	E-F-LG-COSHI	—
24	resolver +SINHI	0.5Y	E-F-LG-SINHI	—
25	KL15	0.5 R/B	E-S-KL15	—
26	KL30	0.5 R/Y	U-UKL30	—
27	调试CAN-H	0.5 P/W	总线	—
28	调试 CAN-L	0.5 B/W	总线	—

　　吉利帝豪纯电动汽车电机低压线束接口如图 7-2-15 所示，端子定义见表 7-2-7。

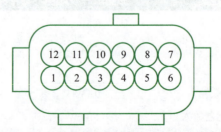

图 7-2-15　吉利帝豪纯电动汽车电机低压线束接口

表7-2-7 吉利帝豪纯电动汽车电机低压线束接口端子定义

端子号	端子定义	线径／mm²及颜色	端子状态	规定条件（电压、电流、波形）
1	R1+	0.5 L/R	NTC温度传感器1	—
2	R1-	0.5 R		—
3	R2+	0.5 Br/W	NTC温度传感器2	—
4	R2-	0.5 W/G		—
5	GND	0.5 B	屏蔽	负极
6	GND	0.5 B		负极
7	COSL	0.5 P	旋变余弦	—
8	COS	0.5 L		—
9	SINL	0.5 W	旋变正切	—
10	SIN	0.5 Y		—
11	REFL	0.5 O	旋变励磁	—
12	REF	0.5 G		—

 任务实施

微课
驱动电机的检查与维护

一、驱动电机的检查与维护

1. 工量具准备

安全防护设备、万用表、北汽新能源 EV160/200 整车、车内外三件套、抹布、扭力扳手、绝缘测试仪、绝缘拆装工具、举升机。

2. 检查车辆行驶过程中驱动电机有无异响

将汽车用举升机举升起来运行，或在路面上运行汽车，检查车辆运行过程中是否异响。注意区分是机械噪声还是电磁噪声。机械噪声类似"咔咔""嗒嗒"声；电磁噪声类似"嗞—"的响声。如是机械噪声应进行检查和修复；如是电磁噪声可暂时不做处理。

注意：在电动汽车高压部件进行维护之前，一定要做好高压安全防护准备，穿戴好防护用品。将电源开关至于 OFF 档，钥匙放安全处，断开蓄电池负极，负极电缆、蓄电池桩头用绝缘胶布包好。拆下维修开关，并放好。静置车辆 5～10 min。举升车辆，断开动力电池低压线束和高压线束。验电，如果有电需放电，确保高压母线无电才可进行下一步操作。

3. 驱动电机外观的检查

（1）举升车辆，拆下前挡泥板，如图 7-2-16 所示。

图 7-2-16　拆下前挡泥板

（2）检查驱动电机表面是否有油液、污渍，是否存在泄漏现象，是否存在漏液现象，如图 7-2-17 所示。

图 7-2-17　驱动电机油液泄漏的检查

（3）检查驱动电机上的进水管和出水管有无裂纹和泄漏，如图 7-2-18 和图 7-2-19 所示。如果存在泄漏情况，要查找泄漏部位，并进行修理。一般存在泄漏的地方，主要集中在管路接口处、橡胶管路和金属接合面等。在检查泄漏情况时，查看应注意。

（4）目测车身底部防护层、驱动电机是否有磕碰损坏，如图 7-2-20 所示。

4. 驱动电机外部的清洁

清除驱动电机基座外部的灰尘、油泥，可以使用压缩空气或干的抹布对驱动电机的外观进行清洁，如图 7-2-21 所示。注意：严禁使用水枪对驱动电机进行喷水清洗。

图 7-2-18　驱动电机进水管的检查

图 7-2-19　驱动电机出水管的检查

图 7-2-20　驱动电机有无磕碰损坏的检查

图 7-2-21　驱动电机的清洁

5. 驱动电机插接件状态的检查

北汽新能源 EV160/200 驱动电机的插接件包括高压插接件（三相交流）和低压插接件（19 针）。驱动电机高压线束来自驱动电机的控制器，高压线束分别是黄色高压线束三相交流 U 相、绿色高压线束三相交流 V 相，红色高压线束三相交流 W 相。图 7-2-22 所示中的橙色部分为驱动电机高压插接件（三相交流），图 7-2-23 所示为驱动电机低压插接件（19 针）。

检查方法如下。

（1）检查驱动电机高压插接件连接状态是否完好，目测各插接件是否存在退针、变形、松脱、过热和损坏的情况，如发现以上情况应及时予以修理或更换，如图 7-2-24 所示。

图 7-2-22　驱动电机高压插接件（三相交流）　　图 7-2-23　驱动电机低压插接件（19 针）

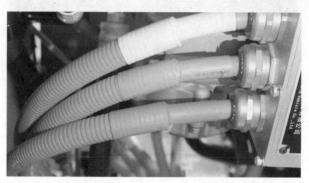

图 7-2-24　驱动电机高压插接件

（2）检查驱动电机低压插接件连接状态是否完好，目测各插接件是否存在退针、变形、松脱、过热和损坏的情况，如发现以上情况应及时予以修理或更换。

6. 驱动电机螺栓紧固情况的检查

图 7-2-25 所示为驱动电机和固定部分螺栓固定状态，驱动电机与变速器总成、右旋置总成存在连接关系，并与车身二层支架存在连接关系，故检查驱动电机螺栓固定状态，需检查驱动电机与变速器总成安装力矩和右旋置总成安装力矩。

图 7-2-25　驱动电机各固定部分螺栓固定状态

使用扭力扳手检查各固定螺栓固定力矩，如图 7-2-26 所示。

图 7-2-26　检查各固定螺栓固定力矩

驱动电机各固定螺栓的固定力矩见表 7-2-8。

表7-2-8　驱动电机各螺栓的固定力矩

名称	力矩/N·m
驱动电机与变速器总成安装螺栓、螺母	25～30、9～11
驱动电机与右旋置总成安装螺栓	50～55

7. 驱动电机绝缘情况的检查

驱动电机在常规检查中必须检查该系统的绝缘性，其绝缘性能符合标准要求，驱动电机才能安全使用，检查驱动电机绝缘情况的具体操作步骤如下。

（1）查看驱动电机铭牌，根据电机的额定电压，选择合适的绝缘检测仪。驱动电机的铭牌如图 7-2-27 所示。

（2）检查绝缘检测仪的好坏，选择合适的绝缘检测仪档位，黑色导线接绝缘检测仪 com 接线柱上，红色导线接绝缘检测仪 V 或"绝缘"接线柱上。

（3）检测驱动电机搭铁绝缘。将绝缘检测仪黑表笔搭铁，红表笔逐个测量驱动电机三相交流电 U、V、W 端子。U 相、V 相、W 相的搭铁绝缘值应大于或等于 100 MΩ。

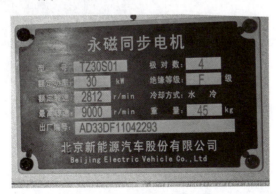

图 7-2-27　驱动电机的铭牌

注意事项：测量驱动电机的三相交流电相间绝缘或搭铁绝缘前，应首先对绝缘检测仪进行检验，确保绝缘检测仪合格后才能进行测量。

二、故障诊断与排除

1. 自诊断

以北汽新能源 EV160/200 纯电动汽车驱动电机旋变故障为例。

（1）车辆无法运行，电源开关置于 ON 档时，仪表显示故障指示持续灯亮，显示是系统故障（二级故障），如图 7-2-28 所示。

图 7-2-28　仪表显示故障灯

（2）电源开关置于 OFF 档后，连接诊断仪，然后置于 ON 档，选择专用故障诊断仪，进入诊断界面，如图 7-2-29 所示。

（3）选择北汽新能源，如图 7-2-30 所示。

（4）选择诊断仪程序版本号，如图 7-2-31 所示。

（5）选择被诊断车辆品牌和车型，如图 7-2-32 所示。

（6）进行系统选择，如图 7-2-33 所示。

图 7-2-29　诊断界面

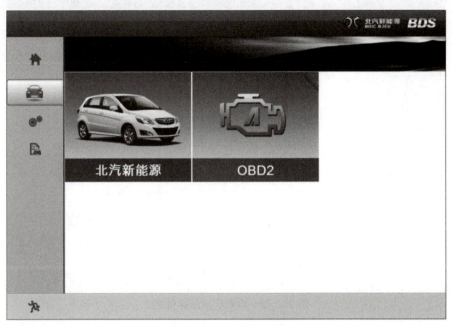

北汽新能源 BAIC BJEV
BDS
北汽新能源
OBD2
图 7-2-30　品牌选择

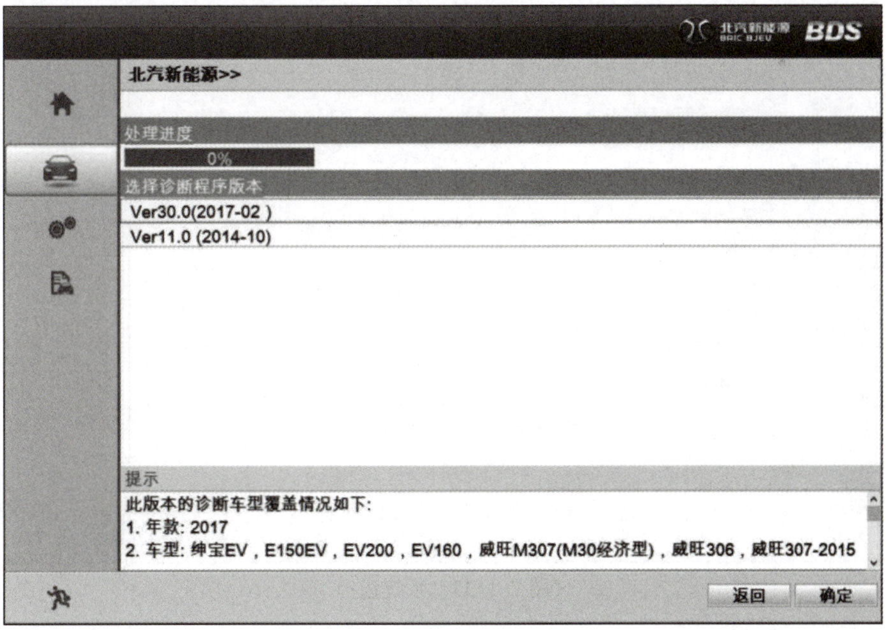
北汽新能源 BAIC BJEV
BDS
北汽新能源>>
处理进度
0%
选择诊断程序版本
Ver30.0(2017-02)
Ver11.0 (2014-10)
提示
此版本的诊断车型覆盖情况如下:
1. 年款: 2017
2. 车型: 绅宝EV，E150EV，EV200，EV160，威旺M307(M30经济型)，威旺306，威旺307-2015
返回
确定
图 7-2-31　诊断仪程序版本号

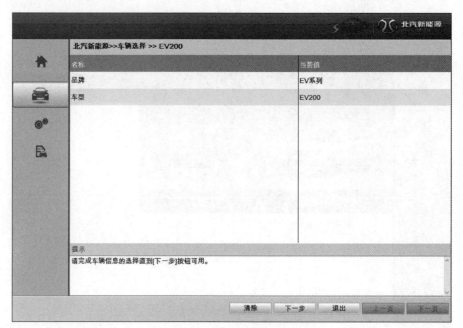

图 7-2-32　诊断车辆品牌和车型

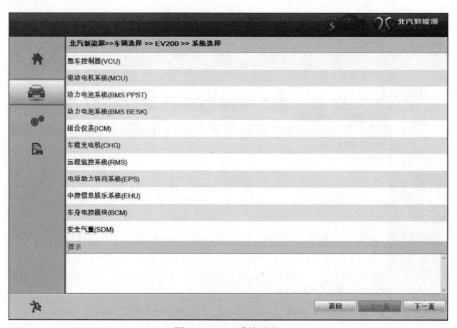

图 7-2-33　系统选择

（7）选择驱动电机系统，如图 7-2-34 所示。

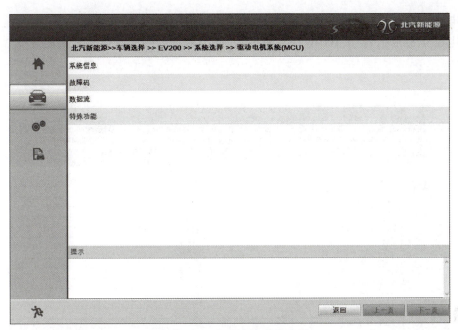

图 7-2-34　驱动电机系统选择

（8）读取故障码，清除故障码，再次读取故障码并记录，诊断仪显示故障码为 P0A3F00，MCU 位置信号检测回路故障，如图 7-2-35 所示。

图 7-2-35　读取故障码

（9）读取故障码冻结帧数据，D 轴电流给定值正常范围为 -128 ～ 0A，D 轴电流反馈值正常范围为 -133 ～ 0 A，Q 轴电流给定值正常范围为 -259 ～ 415 A，Q

轴电流反馈值正常范围为 −253 ～ 382A，D 轴电压正常范围为 −650 V ～ 429 V，Q 轴电压正常范围为 −1 100 V ～ 1 311 V，冻结数据帧中的数值异常，如图 7-2-36 所示。

北汽新能源>>车辆选择 >> EV200 >> 系统选择 >> 驱动电机系统(MCU) >> 故障码 >> 故障码冻结帧数据

名称	当前值	单位
MCU使能命令	使能(Enable)	
驱动电机工作模式命令	转矩模式	
驱动电机转矩、转速指令方向命令	保留	
档位信号	N档	
制动信号	释放	
MCU初始化状态	已完成	
驱动电机当前状态	待机状态	
驱动电机当前工作模式	转矩模式	
驱动电机当前旋转方向	待机状态	
驱动电机控制器高压检测完成标志	已完成	
EEPROM写数据完成标志位	未完成	
驱动电机控制器高压放电完成标志位	未完成	
驱动电机控制器低压下电请求标志位	未完成	
驱动电机系统降功率请求标志位	全功率运行	
驱动电机控制器关闭使能请求标志位	不关使能	
整车状态机编码	30	

提示

记录 播放 波形 返回 打印 下一页 上一页

(a)

北汽新能源>>车辆选择 >> EV200 >> 系统选择 >> 驱动电机系统(MCU) >> 故障码 >> 故障码冻结帧数据

名称	当前值	单位
直流母线电压	361.00	V
直流母线电流	0.00	A
驱动电机目标转矩命令	0.00	Nm
驱动电机目标转速命令	-0.4	rpm
驱动电机当前转矩	0.00	Nm
驱动电机当前转速	-0.4	rpm
A相IGBT模块当前内部温度	26	deg C
B相IGBT模块当前内部温度	27	deg C
C相IGBT模块当前内部温度	27	deg C
MCU当前散热底板温度	31	deg C
驱动电机当前温度	29	deg C
D轴电流给定值	0.00	A
D轴电流反馈值	-8.00	A
Q轴电流给定值	0.00	A
Q轴电流反馈值	4.00	A
D轴电压	0.00	V

提示

记录 播放 波形 返回 打印 下一页 上一页

(b)

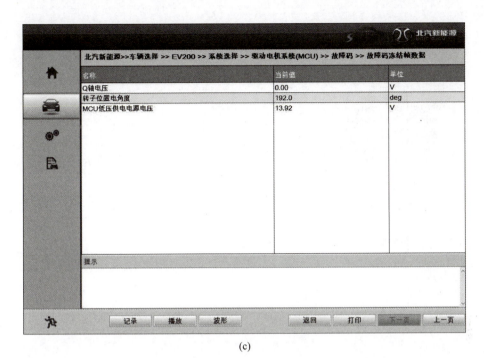

(c)

图 7-2-36　故障码冻结帧数据

（10）读取数据流，对比正常的数据流，发现 D 轴电流给定值、D 轴电流反馈值、Q 轴电流给定值、Q 轴电流反馈值、D 轴电压、Q 轴电压异常，判断为旋变传感器异常，如图 7-2-37 所示。

(a)

(b)

名称	当前值	单位
Q轴电压	0.00	V
转子位置电角度	192.0	deg
转子位置初始角度	339.0	deg
MCU低压供电电源电压	13.92	V

(c)

图 7-2-37　读取数据流

2. 检测

　　由于检测电机低压线束在高压线束附件，检测电机低压元件时候，也要做好高压安全防护工作。

（1）在工作区域设置隔离，并在明显位置放置警示牌。关闭电源开关，拔下钥匙并妥善保管，在车上放置工作牌。断开整车低压控制电源。拆下低压蓄电池负极接线，用绝缘胶带包好，负极桩头用盖子盖好或绝缘胶布包好。佩戴绝缘手套，断开车辆动力电池高压维修开关，然后静置车辆 5 min 以上，让新能源汽车的高压电容器进行自放电。

（2）断开电机控制器端低压线束 35 芯插件 T35，如图 7-2-38 所示。

（3）检测电机控制器线束端 35 芯插件 T35/11-T35/12，阻值无穷大，如图 7-2-39 所示。

图7-2-38 断开电机控制器低压线束
35芯插件T35

图 7-2-39 检测 T35/11-T35/12

（4）断开驱动电机线束端旋变 19 芯插件 T19，如图 7-2-40 所示。分别检测 T35/12-T19/a 和 T35/11-T19/b 电阻值。T35/11-T19/b 电阻为 0.05 Ω，正常；T35/12-T19/a 电阻为无穷大，说明 T35/12 到 T19/a 断路。

（5）检测电机本体上的旋变绕组，如图 7-2-41 所示，电阻值正常。

图7-2-40 断开驱动电机线束
端旋变19芯插件T19

图 7-2-41 检测机本体上的旋变绕组

（6）修复 T35/12-T19/a 导线，再进行验证测试，电阻值正常。

（7）复位，连接诊断仪，检查有无故障码，确认故障排除。

 思考与练习

一、填空题

1. 在北汽新能源 e150EV、EV160/200 纯电动汽车驱动电机系统中，驱动电机的输出动作主要是靠控制单元给定命令执行，即控制器输出命令。控制器主要是将输入的_____逆变成电压、频率可调的_____，供给配套的三相交流永磁同步电机使用。

2. 北汽新能源纯电动汽车故障分级可对整车的故障等级进行_____。

3. 北汽新能源纯电动汽车一般故障时候进入_____，系统故障灯亮。

4. 吉利帝豪纯电动汽车电机驱动系统发生故障时，软件根据故障级别使电机控制器进入_____或_____。

5. 吉利帝豪纯电动汽车电机驱动系统有_____个温度传感器。

6. 驱动电机控制器由_____唤醒。

二、选择题（单选题）

1. 新能源 OBD 接口 PIN1 表示含义是（   ）。

   A. 新能源 CAN 高 　　　　　　　　　B. 新能源 CAN 低

   C. 快充 CAN 高 　　　　　　　　　　D. 快充 CAN 低

2. 新能源 OBD 接口 PIN11 表示含义是（   ）。

   A. 动力电池 CAN 低 　　　　　　　　B. 原车 CAN 高

   C. 常电（BAT+） 　　　　　　　　　D. 地线 −

三、简答题

冻结帧的意义是什么？

评价与反馈

驱动电机系统就车检修评价反馈见表 7-2-9。

表7-2-9 驱动电机系统就车检修评价反馈表

基本信息	姓名		学号	班级		组别	
	规定时间		完成时间	考核日期		总评成绩	
任务评价	序号	步骤		评分细则		分值	得分
	1	作业前准备		正确准备好工量具设备，做好准备工作；安装车内、车外三件套		5	
	2	做好高压安全防护准备		安全措施到位		10	
	3	驱动电机外观的检查		是否有油液、污渍，是否泄漏，驱动电机上的进水管和出水管有无裂纹和泄漏，底部防护层、驱动电机是否有磕碰损坏		5	
	4	驱动电机外部的清洁		是否清洁		5	
	5	驱动电机插接件状态的检查		检查方法是否正确		5	
	6	驱动电机螺栓紧固情况的检查		拧紧力矩是否正确		5	
	7	驱动电机绝缘情况的检查		U、V、W相对搭铁绝缘值分别是_____；相间绝缘测量值分别是U与V：_____；U与W：_____；V与W：_____		10	
	8	读取故障码		故障码含义		5	
	9	读取数据流及分析		分析是否正确		10	
	10	读取冻结帧与分析		分析是否正确		10	
	11	电路检测		检测结果：_____		10	
	12	测试、验证、复位		是否测试、验证、复位		10	
	13	6S		点火开关是否关闭、蓄电池负极是否断开、工具使用是否正确		10	
	合计					100	
说明：每项分都是扣完为止							

任务三 驱动电机总成更换

 学习目标

1. 知识目标

熟悉北汽新能源 EV160/200 纯电动汽车驱动电机规格。

2. 技能目标

会对驱动电机总成进行更换。

 任务引入

当驱动电机出现故障，无法修复的时候，需要将驱动电机拆卸下来，进行更换。那么该如何规范地进行更换呢？

 知识准备

北汽新能源 EV160/200 纯电动汽车驱动电机规格（表 7-3-1）

表7-3-1 北汽新能源EV160/200纯电动汽车驱动电机规格

类型	永磁同步
基速	2 812 rpm
转速范围	0～9 000 rpm
额定功率	30 kW
峰值功率	53 kW
额定扭矩	102 Nm
峰值扭矩	180 Nm
质量	45 kg
防护等级	IP67
尺寸（定子直径X总长)	(Φ)245X(L)280

> 知识拓展

1. 吉利帝豪纯电动汽车驱动电机位置（图 7-3-1）

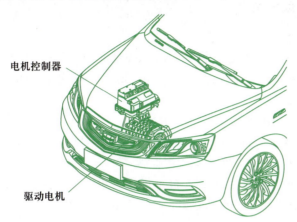

电机控制器

驱动电机

图 7-3-1　吉利帝豪纯电动汽车驱动电机位置

2. 吉利帝豪纯电动汽车驱动电机紧固件规格（见表 7-3-2）

表 7-3-2　吉利帝豪纯电动汽车驱动电机紧固件规格

应用	规格	力矩范围公制（N·m）
右悬与车身固定螺栓	M10×25	50～60
右悬与动力总成固定螺栓	M12×50	55～65
右悬与动力总成固定螺母	M12	55～65
左悬与车身固定螺栓	M10×30	55～64
后悬置软垫与钣金支架固定螺栓	M12×105	62～78
后悬置软垫与后悬置支架固定螺母	M12	62～78
悬置与副车架固定螺栓	M10×65	50～60
后悬置与副车架固定螺母	M10	50～60
悬置支架与动力总成固定螺栓	M10×35	50～60
左悬置与动力总成固定螺栓	M12×50	50～60
减速器与减速器支架固定螺栓	M10×1.25×20	50～60
减速器与驱动电机固定螺栓	M10×1.25×30	50～60
驱动电机与支架固定螺栓	M10×1.25×45	50～60
驱动电机安装支架与动力总成托架固定螺栓	M12×1.25×25	60～70

任务实施

驱动电机总成更换

1. 工量具准备

安全防护设备、万用表、北汽新能源 EV160/200 整车、车内外三件套、抹布、扭力扳手、绝缘测试仪、绝缘拆装工具、举升机、冷却液、冷却液容器、新能源驱动电机拆装托举机等。

2. 拆卸驱动电机的步骤

（1）在工作区域设置隔离，并在明显位置警示牌。关闭电源开关。拔下钥匙放在口袋里妥善保管。并在车上放置工作牌。

（2）断开整车低压控制电源。拆下低压蓄电池负极接线，用绝缘胶带包好，负极桩头用盖子盖好或绝缘胶布包好，如图 7-3-2 所示。

微课
动力总成的
拆卸

图 7-3-2　断开整车低压控制电源

（3）穿戴好防护用品，断开车辆动力电池高压维修开关。如图 7-3-3 所示。

（4）然后静置车辆 5 分钟以上，让新能源汽车的高压电容器进行自放电。

（5）用专用工具拆下电机控制器的高压插头，如图 7-3-4 所示。

图 7-3-3　拆卸动力电池维修开关　　　　图 7-3-4　拆下电机控制器的高压插头

（6）验电。确保驱动电机和驱动电机侧的高压线束无残余电荷，然后才可以拆装驱动电机。

（7）拧开膨胀水箱盖，如图 7-3-5 所示。

（8）举升车辆到合适位置，拆卸前舱挡板。

（9）在下方排放冷却液，排放冷却液，排放口的位置如图 7-3-6 所示，并断开电机上的进出水管路，管路如图 7-3-7 所示。

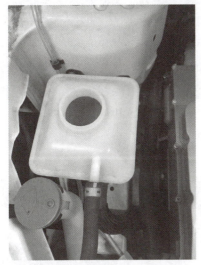
图 7-3-5　拧开散热器盖

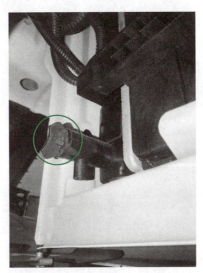
图 7-3-6　排放口的位置

（10）拆下驱动电机上的低压线束，如图 7-3-8 所示。

（11）拆卸车轮。

（12）拔下空调压缩机上的高低压插件，在电机上拆下空调压缩机的固定螺栓，如图 7-3-9 所示。将空调压缩机移动到远离电机的位置并固定。

图 7-3-7　电机上的进出水管路

图 7-3-8　拆下驱动电机上的低压线束

（13）拆卸制动钳总成并固定。

（14）使用专用工具将驱动轴从制动盘中拔出，如图 7-3-10 所示。

图 7-3-9　拆卸压缩机及高压线束　　　　　　图 7-3-10　拆卸驱动轴

（15）用撬棍将驱动轴从变速器中撬出，拔出左右两个驱动轴。如图 7-3-11、图 7-3-12 所示。

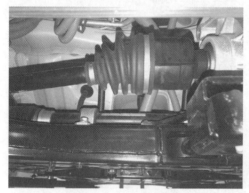

图 7-3-11　拆卸右驱动轴　　　　　　　　图 7-3-12　拆卸左驱动轴

（16）拆卸固定驱动电机的悬架螺栓，如图 7-3-13、图 7-3-14 所示。

图7-3-13　拆卸左固定驱动　　　　　图 7-3-14　拆卸右固定驱动电机的悬架螺栓
电机的悬架螺栓

（17）从车辆下方拆下驱动电机和减速器总成，如图 7-3-15 所示。

图 7-3-15　拆卸驱动电机和减速器总成

3. 安装

安装步骤与拆卸步骤相反。

4. 电机总成安装完成后的检查

当电机总成安装完成后，需进行如下检查。

（1）水路系统安装正确性，是否有滴、漏水等异常情况。

（2）各机械部件安装是否牢固。

（3）各线缆所连接电源的极性是否正确。

（4）各电气插接器连接是否到位，相应的插口或锁紧螺钉是否卡紧或拧紧。

（5）各高、低压部件的绝缘性是否良好。

微课
动力总成的
安装

任务拓展

1. 从车下拆下吉利帝豪纯电动汽车驱动电机

（1）打开前机舱盖。

（2）操作空调制冷剂的回收程序。

（3）断开蓄电池负极电缆。

注意：做好高压安全防护工作。

（4）拆卸维修开关，静置车辆 10 分钟以上。经过验电，确保无残余电荷才可以检修高压部件。

（5）拆卸电机控制器上盖。

（6）拆卸电机控制器。

（7）拆卸三相线束。

（8）拆卸充电机。

（9）拆卸机舱底部护板。

（10）拆卸压缩机。

（11）拆卸纵梁。

（12）拆卸右前轮轮胎。

（13）拆卸右前驱动轴。

（14）拆卸制动真空泵。

（15）拆卸电机。

① 脱开电机冷却水管，如图 7-3-16 所示。

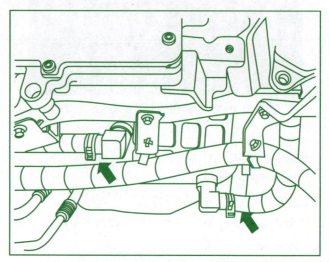

图 7-3-16　脱开电机冷却水管

注意：水管脱开前请在车辆底部放置容器，接住防冻液，以免污染地面。拆卸或安装水管环箍时都应使用专用的环箍钳。

② 断开电机线束连接器 1，如图 7-3-17 所示。

③ 拆卸电机搭铁线束固定螺栓 2，如图 7-3-17 所示脱开电机搭铁线束。

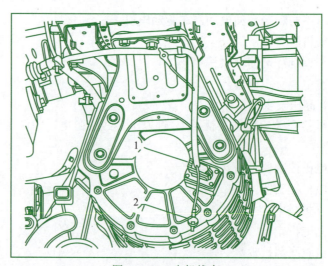

图 7-3-17　电机线束

④ 使用托顶从下方托住电机，如图 7-3-18 所示。

注意：在支撑前，托顶与电机之间放置木块，以免减速器滑动。

⑤ 拆卸前悬置支架电机侧 4 个固定螺栓，如图 7-3-19 所示。

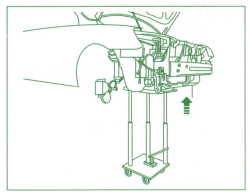
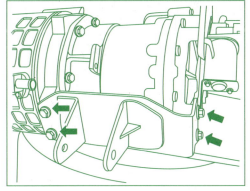

图 7-3-18　托顶从下方托住电机　　　图 7-3-19　前悬置支架电机侧 4 个固定螺栓

⑥ 拆卸减速器前部 4 个固定螺栓，如图 7-3-20 所示。

⑦ 拆卸减速器后部 3 个固定螺栓，如图 7-3-21 所示。

⑧ 拆卸电机右固定支架，上部 3 个固定螺栓 1，如图 7-3-22 所示。

⑨ 拆卸电机右固定支架，下部 4 个固定螺栓 2，如图 7-3-22 所示，取下电机右固定支架。

⑩ 用合适的工具轻撬减速器与电机接合处，抽出电机，如图 7-3-23 所示。

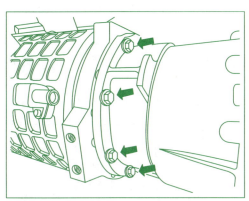
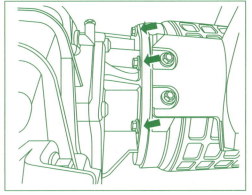

图 7-3-20　减速器前部 4 个固定螺栓　　　图 7-3-21　减速器后部 3 个固定螺栓

2. 安装吉利帝豪纯电动汽车驱动电机

（1）在电机与减速器对接面涂胶密封（图 7-3-24)

密封胶型号为：Loctite 5060B，胶宽为 4 ～ 5 mm。

（2）装配电机使电机输出轴花键插入减速器输入轴，如图 7-3-25 所示。注意减速器法兰端面得定位销应落入电机前端面的安装孔。

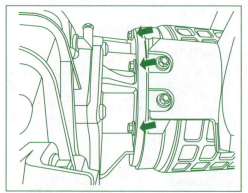

图 7-3-22　电机右固定支架螺栓

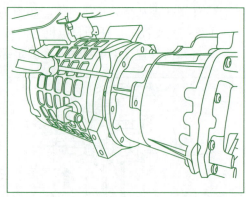

图 7-3-23　撬减速器与电机接合处

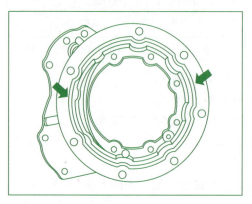

图 7-3-24　涂胶密封

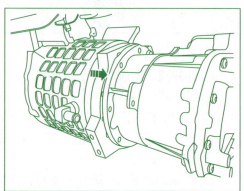

图7-3-25　装配电机使电机输出轴花键插入
减速器输入轴

（3）紧固减速器前部 4 个固定螺栓，如图 7-3-26 所示。力矩：55 N·m(公制)
注意：连接螺栓紧固时，需采用对角法则打紧。

（4）紧固减速器后部 3 个固定螺栓，如图 7-3-27 所示。力矩：55 N·m(公制)

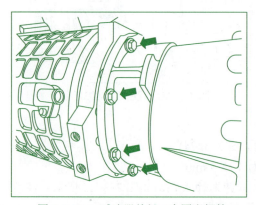

图 7-3-26　减速器前部 4 个固定螺栓

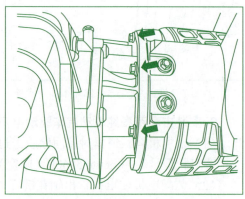

图 7-3-27　减速器后部 3 个固定螺栓

注意：连接螺栓紧固时，需采用对角法则打紧。

（5）放置电机右固定支架，紧固电机右固定支架上部 3 个固定螺栓 1，如图 7-3-28 所示。力矩：65 N·m(公制)。

（6）紧固电机右固定支架下部 4 个固定螺栓 2，如图 7-3-28 所示。力矩：55 N·m(公制)。

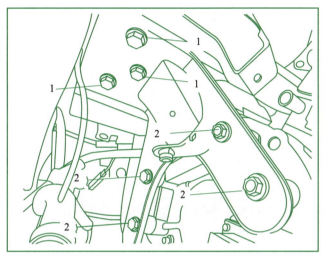

图 7-3-28　电机右固定支架固定螺栓

注意：连接螺栓紧固时，需采用对角法则打紧。

（7）紧固前悬置支架电机侧 4 个固定螺栓，如图 7-3-29 所示。力矩：55 N·m(公制) 。

（8）连接电机 2 根冷却水管，安装水管环，如图 7-3-30 所示。

注意：环箍装配位置应该与管路标示线对齐。

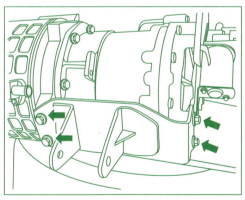

图 7-3-29　前悬置支架电机侧 4 个固定螺栓

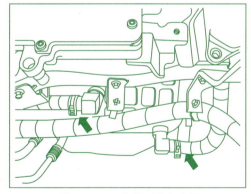

图 7-3-30　电机根冷却水管

（9）连接电机线束连接器 1，如图 7-3-31 所示。

注意：插接时注意"一插，二响，三确认"。

（10）连接电机搭铁线束，拆卸电机搭铁线束固定螺栓 2，如图 7-3-31 所示。
力矩：8 N·m 公制。

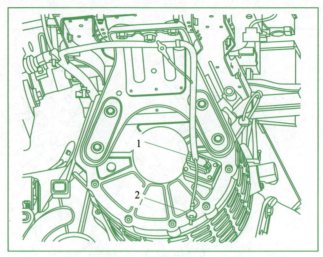

图 7-3-31　拆卸电机搭铁线束固定螺栓

3. 安装吉利帝豪纯电动汽车电机周围相关附件

（1）安装制动真空泵。

（2）安装右前驱动轴。

（3）加注减速器油。

（4）安装右前轮轮胎。

（5）安装纵梁。

（6）安装压缩机。

（7）安装机舱底部护板。

（8）安装电机控制器。

（9）安装充电机。

（10）安装电机控制器上盖。

（11）安装三相线束。

（12）加装冷却液。

（13）安装维修开关。

（14）连接蓄电池负极电缆。

（15）操作空调制冷剂加注程序。

（16）关闭前机舱盖。

思考与练习

一、填空题

1. 在进行驱动电池拆装作业的时候需要自地面铺设_____，在明显位置放置_____。

2. 拆卸北汽新能源 EV200 纯电动汽车驱动电机或吉利帝豪纯电动汽车驱动电机的时候，需要将电机的_____放出。

3. 断开蓄电池负极的时候，需要用绝缘胶布将_____包好。

4. 驱动电机安装完成之后，需要检查各电气插接器_____是否到位，相应的插口或锁紧螺钉是否卡紧或拧紧。

二、单项选择题

1. 在进行驱动电机更换的时候，不需要使用的工量具设备是（　　）。

A. 示波器　　　　　　　　B. 绝缘测试仪

C. 绝缘工具　　　　　　　D. 万用表

2. 在进行高压断电作业的时候，（　　）戴好绝缘手套和护目镜。

A. 不需要　　　　　　　　B. 需要　　　　　　　　C. 无所谓

 评价与反馈

驱动电机总成更换评价反馈见表 7-3-3。

表7-3-3　驱动电机总成更换评价反馈表

基本信息	姓名		学号		班级		组别	
	规定时间		完成时间		考核日期		总评成绩	
任务工单	序号	步骤		评分细则		分值	得分	
	1	作业前准备		正确准备好工量具设备，做好准备工作；安装车内、车外三件套		5		
	2	做好高压安全防护准备		安全措施到位		5		
	3	拧开膨胀水箱盖		忘记拧开口5分		5		
	4	拆卸前机舱挡板		正确拆卸		3		
	5	排放冷却液		正确排放		3		
	6	拆下驱动电机上的低压线束		正确拆卸		2		
	7	拆卸车轮		正确拆卸		2		

	序号	步骤	评分细则	分值	得分
任务工单	8	拔下空调压缩机上的高低压插件，在电机上拆下空调压缩机的固定螺栓	正确拆卸	5	
	9	拆卸制动钳总成并固定。将驱动轴从制动盘中拔出	正确拆卸	5	
	10	拆卸固定驱动电机的悬架螺栓	正确拆卸	5	
	11	从车辆下方拆下驱动电机和减速器总成	正确拆卸	10	
	12	安装驱动电机	正确安装	30	
	13	电机总成安装完成后的检查	漏一项扣2分	10	
	14	6S	点火开关是否关闭、蓄电池负极是否断开、工具使用是否正确	10	
合计				100	

说明：每项分都是扣完为止

项目一任务一思考与练习答案

简答题

1. 答：目前，以交流感应电机、永磁同步电机和无刷直流电机应用居多，技术相对成熟。

2. 答：整体而言，驱动电机控制系统将趋向小型化、轻量化、易于产业化、高容量、高效节能、响应迅速、调速性能好、可靠性高、成本低、免维护。

 项目一任务二思考与练习答案

一、填空题

1. 功率转换器　检测传感器

2. 无换向器

3. 转矩

4. 车轮里面　车轮的轮缘上

二、选择题（不定项）

1. ABCD　2. C　3. A

三、名称解释

1. 电机将电能转换成机械能或机械能转换成电能的装置，它具有能做相对运动的部件，是一种依靠电磁感应而运行的电气装置。

2. 矢量控制将交流电机的定子电流作为矢量，经坐标变换分解成与直流电机的励磁电流和电枢电流相对应的独立控制电流分量，以实现电机转速/转矩控制的方式。

3. 弱磁控制是通过减弱气隙磁场控制电机转速的控制方式。

4. 电机控制器是控制动力电池与电机之间的能量传输的装置，由控制信号接口电路、电机控制电路和驱动电路组成。

四、简答题

答：采用高电压可以减少电机和导线等装备的尺寸、降低逆变器的成本，提高能量转换效率。

项目二任务一思考与练习答案

一、填空题

1. 感应电流

2. 磁力线　电磁感应

3. 磁性　磁体　天然

4. 磁场与电流相互作用

5. 大　多

二、选择题（单选题）

1. C　2. A　3. A

三、判断题（对的打"√"错的打"×"）

1. ×　2. √

四、简答题

答：在励磁过程中电流是逐渐增大的，所以自感电势的实际方向与电流的方向相反，起阻碍电流的作用。

 项目二任务二思考与练习答案

一、填空题

1. 信息电子　驱动

2. MOSFET　IGBT

3. 电压源　电流源

4. 斩波器　占空比

5. 有源　无源

6. 180°　20°

7. 两　4

8. 交流　直流

二、选择题（不定项）

1. ABC　2. BCD　3. AB

三、判断题（对的打"√"，错的打"×"）

1. ×　2. √　3. √　4. ×　5. ×　6. √

四、名词解释

1. 电力电子器件

电能变换和控制过程中使用的电子元件被称为电力电子器件，其主要特点是处理电功率的能力远大于处理信息的电子器件。

2. DC/AC 电压变换器

DC/AC 电压变换器又叫逆变器，它是一种将直流电转变为交流电的电力电子元件。

五、简答题

1. 答：全控型器件，通过控制信号即可控制其导通又能控制其关断，是 GTR 和 MOSFE 复合的产物，结合二者的优点，具有良好的特性。目前的容量水平（1 200 ～ 1 600）A/（1 800 ～ 3 330）V，频率 40 kHz。

2. 答：三相电压型 DC/AC 变换器电路结构如下：在直流电源 U_d 电路上并联电容器 C_d，直流侧电压基本无脉动；逆变器采用 6 个功率开关器件 $VT_1 \sim VT_6$ 和 6 个分别与其反并联的续流二极管 $VD_1 \sim VD_6$ 共同构成的 IGBT 功率模块，也可以使用其他全控器件。这种结构每相输出有两种电平，因此也称为两电平逆变电路。

 项目三任务一思考与练习答案

一、填空题

1. 绕组励磁　永磁
2. 并联　电源
3. 串联　电枢
4. 励磁　励磁
5. 定子　转子
6. 主磁场　励磁绕组
7. 主磁路　槽内
8. 电枢线圈　电动势

二、选择题（不定项）

1. B　2. ABCD　3. BCD

三、判断题（对的打"√"，错的打"×"）

1. √　2. ×　3. ×　4. ×　5. √

四、简答题

1. 答：定子的主要作用是产生气隙磁场，主要由主磁极、换向极、机座和电刷装置组成。

2. 答：换向极作用是改善直流电机的换向情况，使直流电机运行时不产生有害的火花。

3. 答：机座有两个作用：一个是用来固定主磁极、换向极和电机端盖；另一个作用是作为磁场的通路，其中的导磁部分称为磁轭。

 项目三任务二思考与练习答案

一、填空题

1. 电枢绕组　气隙磁场
2. 电枢绕组　载流导体
3. 电枢回路电阻　改变电枢电压

二、名词解释

1. 电枢回路电阻控制法是在磁极绕组励磁电流不变的情况下，通过改变电枢回路的电阻，使电枢电流变化来实现对电机转速的控制。

2. 电枢电压控制法是通过改变电枢电压控制电机的转速，其适用于电机基速以下的调速控制。

 项目四任务一思考与练习答案

一、填空题

1. 同步电机　异步电机
2. 定子　冷却风扇
3. 鼠笼形　绕线形
4. 三相对称电流　旋转磁场
5. 定子电流频率 f　磁极对数 P

二、判断题

1. ×　2. ×　3. √

三、简答题

1. 答：①效率较高；②结构简单、体积较小、重量轻；③工作可靠、使用寿命长；④免维护。

2. 答：气隙过小，使电机装配困难，高次谐波磁场增强，附加损耗增加，起动性能变差，运行不可靠。气隙过大，则电机运行时的功率因数降低。

项目四任务二思考与练习答案

一、填空题

1. 调压调速　变频调速
2. 电源频率　同步磁场
3. 变压变频控制　矢量控制

二、判断题

1. ×　2. √　3. √　4. ×

三、名词解释

1. 矢量控制是指将交流电机的定子电流作为矢量，经坐标变换分解成与直流电机的励磁电流和电枢电流相对应的独立控制电流分量，以实现电机转速/转矩控制的方式。

2. VVVF 是变压变频控制的缩写。

3. FOC 是矢量控制的缩写。

四、简答题

答：交流感应电机控制系统的主要作用是为电机提供变压、变频电源，同时其电压和频率能够按照一定的控制策略进行调节，以使驱动系统具有良好的转矩 – 转速特性。

 项目五任务一思考与练习答案

一、填空题

1. 永磁直流　永磁交流
2. 定子绕组　永久磁铁
3. 永磁体　转子铁心
4. 励磁绕组　电刷
5. 温度　散热风扇
6. 线圈　齿圈

二、选择题（不定项）

1. BCD　　2. ABC

三、判断题（对的打"√"，错的打"×"）

1. √　2. √　3. ×　4. ×　5. √　6. √

四、简答题

1. 答：旋转变压器安装在驱动电机上，是一种电磁式传感器，又称为同步分解器，用来测量旋转物体的转轴角位移和角速度。在电动汽车上，使用旋转变压器作为测量驱动电机的转速元件，并将转速信号传递给电机控制器。

2. 答：当励磁绕组以一定频率的交流电压励磁时，输出绕组的电压幅值与转子转角成正弦、余弦函数关系，或保持某一比例关系，或在一定转角范围内与转角呈线性关系。

3. 答：永磁同步电机的定子是三相对称绕组，三相正弦波电压在定子三相绕组中产生对称三相正弦波电流，并在气隙中产生旋转磁场。旋转磁极与已充磁的磁极作用，带动转子与旋转磁场同步旋转，并力图使定子、转子磁场轴线对齐。当外加负载转矩以后，转子磁场轴线将落后定子磁场轴线一个功率角，负载越大，功率角也越大，直到一个极限角度，电机停止。由此可见，同步电机在运行中，转速必须与频率严格成比例旋转，否则会失步停转。所以它的转速与旋转磁场同步，取静态误差为零。在负载扰动下，只是功率角变化，而不允许转速变化，它的响应时间是实时的。

 项目五任务二思考与练习答案

一、填空题

1. 正弦　梯形
2. 直流　三相正弦波
3. 永磁　磁阻
4. 交流感应　同步

5. 他控　自控

二、简答题

1. 答：① 怠速控制（爬行）；② 控制电机正转（前进）；③ 控制电机反转（倒车）；④ 能量回收（交流转换直流）；⑤ 驻坡（防溜车）。电机控制器另一个重要功能是通信和保护，实时进行状态和故障检测，保护驱动电机系统和故障反馈。

2. 答：电流传感器用以检测电机工作的实际电流（包括母线电流、三相交流电流）；电压传感器用以检测供给电机控制器工作的实际电压（包括动力电池电压、12 V 蓄电池电压）。

 项目六任务一思考与练习答案

一、填空题

1. 轮边电机驱动　轮毂电机驱动

2. 半轴　各个车轮

3. 电动机　减速机构

二、判断题（对的打"√"，错的打"×"）

1. ×　　2. √　　3. ×　　4. √　　5. √　　6. ×　　7. √　　8. √　　9. √

10. √　　11. √　　12. √　　13. ×　　14. √

三、选择题（单选题）

1. D　　2. D　　3. A　　4. B　　5. C　　6. D　　7. C　　8. D　　9. C

10. B　　11. B　　12. C

四、名词解释

独立驱动是指每个车轮的驱动转矩均可单独控制各轮的运动状态，相互独立，之间没有硬性的机械连接装置的一种新型驱动方式。

 项目六任务二思考与练习答案

一、填空题

1. 转子　定子　电子开关

2. 磁阻最小

3. 构成定子磁场磁通路

4. 斩波电流限的大小　调节电机转矩和转速

5. 开关磁阻电机　功率转换器　控制器

二、判断题

1. √　　2. √　　3. ×

三、简答题

1. 答：① 调速范围宽、控制灵活，易于实现各种特殊要求的转矩 – 速度特性。② 制造和维护方便。③ 运转效率高。④ 可四象限运行，具有较强的再生制动能力。⑤ 结构简单、成本低制造工艺也相对简单。⑥ 转矩方向与电流方向无关，从而减少了功率转换器的开关器件数，降低了成本。⑦ 损耗小。⑧ 可靠参数多、调速性能好。⑨ 适于频繁起动、停止以及正反转运行。

2. 答：角度控制（APC）、电流斩波控制（CCC）和电压控制（VC）

 项目七任务一思考与练习答案

一、填空题

1. 驱动电机　电机控制器

2. 风冷　液冷

3. 电动水泵　散热器

二、选择题（多选题）

1. ABC　　2. ABCDE

三、判断题（对的打"√"，错的打"×"）

1. ×　　2. √

四、简答题

答：电动汽车冷却系统的作用是将驱动电机、电机控制器、动力蓄电池、车载充电机和其他部件产生的热量及时散热出去，保证电动汽车在要求的温度范围内稳定高效的工作。

 项目七任务二思考与练习答案

一、填空题

1. 直流电　三相交流电　　2. 4 级划分　　3. 跛行工况 / 降功率

4. 安全状态　限制状态　　5. 2　　　　6. 整车控制器

二、选择题（单选题）

1. A　　2. A

三、简答题

答：冻结帧代表的意义是：当车辆确认有故障的瞬间，由整车控制器存储车辆在"这个瞬间"的状态信息，比如车辆发生故障时车辆的下速是多少。

 项目七任务三思考与练习答案

一、填空题

1. 绝缘垫　警示牌　　2. 冷却液　　3. 负极　　4. 连接

二、单项选择题

1. A　　2. B

参考文献

[1] 王志福，张承宁，等．电动汽车电驱动理论与设计［M］.2 版．北京：机械工
    业出版社，2017.10.
[2] 王震坡，孙逢春，刘鹏．电动汽车原理与应用技术［M］.2 版．北京：机械工
    业出版社，2017.5.
[3] 邹国棠，程明．电动汽车的新型驱动技术［M］.2 版．北京：机械工业出版社，
    2015.
[4] 张利，缑庆伟主编．新能源汽车驱动电机与控制技术［M］．北京：人民交通出
    版社，2018.3.
[5] 何忆斌，侯志华．新能源汽车驱动电机技术［M］．北京：机械工业出版社，
    2018.1.
[6] 周毅．纯电动汽车电机及传动系统拆装与检测［M］．北京：机械工业出版社，
    2018.4.
[7] 张之超，邹德伟．新能源汽车驱动电机与控制技术［M］．北京：北京理工大
    学出版社，2018.7.
[8] 陈社会．新能源汽车结构与检修［M］．北京：人民交通出版社，2017.